20条“蜗居”金规，助你稳步提升

职场蜗居术

Dwelling in the Office

◀最简单、最直接、最无需技巧的职场生存方式▶

苏豫◎著

吉林出版集团
北方妇女儿童出版社

图书在版编目（CIP）数据

职场“蜗居”术 / 苏豫著. —长春：北方妇女儿童出版社，2010.11
ISBN 978-7-5385-5099-3

Ⅰ. ①职… Ⅱ. ①苏… Ⅲ. ①成功心理学-通俗读物
Ⅳ. ①B848.4-49

中国版本图书馆 CIP 数据核字（2010）第 214898 号

职场“蜗居”术

作　　者　苏　豫
出 版 人　李文学
责任编辑　张晓峰
封面设计　颜森设计
开　　本　700mm × 980mm　1/16
字　　数　250 千字
印　　张　15.5
版　　次　2011 年 1 月第 1 版
印　　次　2011 年 1 月第 1 次印刷

出　　版　吉林出版集团
　　　　　北方妇女儿童出版社
发　　行　北方妇女儿童出版社
地　　址　长春市人民大街 4646 号
　　　　　邮编　130021
电　　话　总编办：0431-85644803
　　　　　发行科：0431-85640624
网　　址　http://www.bfes.cn
印　　刷　三河市骏杰印刷厂

ISBN 978-7-5385-5099-3　　定价：28.80元

前言 Preface

或许有人会说我所在的公司规模足够大，我所在的单位工作足够清闲，我根本不需要“蜗居”，在这么宽敞的办公环境中，自己却要装成一副很渺小的样子，这不是作践自己吗？

如果你能这么想，那就说明你在职场所受的刁难、掣肘、打压和暗算还不够多，你还没有搞清楚职场到底是怎样的一种场合。

天下最无知的人从来都是最无畏的。如果你无畏，并非就是因为你英勇，相反可能是因为你对职场的无知。

谁都知道职场是一个实现个人职业梦想的地方，但是在这个地方并非只有你一个，而是有很多人，而且这么多的人都有一个相同的梦想——加薪、升职。

可是，每个公司、每个单位的职位都是有限的，职位越高越是有限。在职场的职务金字塔中，每个人都想从最底层一步步地爬到最高层，可是每层原本又都有既定的人员任职。这时我们应该怎么办？

英勇无畏一路冲锋陷阵，遇神杀神，遇鬼擒鬼？有这样的勇气的确可嘉，但是职场不是一个真空的竞技场，不是只有两个人的对决。相反，在职场上任何两个人的对决都可以牵动整个职场的人。

有人或许会帮你，有人可能会害你；有人或许会对你视而不见，有人可能会对你暗送秋波。你以为这样你就能分清敌我吗？

不要太幼稚！你很牛吗？你很有职权吗？你能给别人带来什么呢？在人人都在为自己的理想打拼的职场，谁会关心你？谁在乎你呢？别人为什么要千方百计地算计你或帮助你？难道是因为人有好坏之分的缘故吗？

如果是这样，为什么算计或帮助的对象会是你，而不是别人？

很显然不是如此，而是因为在职场中人们最关心的不是和谁交朋友，也不是打击自己讨厌的对象，而是为自己的利益着想，一切都从自己的利益出发。只要你和别人之间存在利益冲突，那么无论你道德多么高尚，你都会成为对方的敌人。相反只要你和别人之间存在共同利益，那么无论对方有多讨厌你，最终他们都会选择与你交好。

不要以为这是瞎掰，任何一个有点职场经历的人或许对这些职场纷争都会有所了解。或许有人会说，我兢兢业业地做自己的事，会和别人存在什么冲突？

这是因为，职场就是一个大的磁场，每一个职场人都逃不过磁场的作用力，你可以不参与纷争，但只要你存在，你就对别人有一定的影响，或是正面或是负面，这就决定了别人对你的态度。

所以，你可以不把别人当对手，却不能保证对方不会不把你当对手；你可以不去算计别人，但不能保证别人不算计你。

所以，如果你不想成为别人算计的对象，那么你最好把自己伪装起来，"蜗居"在办公室，这样别人才不会把你当做障碍，你才能够成功地避免纷争，并为自己的主动出击寻找机会，从而做到不鸣则已，一鸣惊人。

目录
CONTENTS

第十四章
加入小团体可以享受优待，但是也要为团队中其他人的错误陪葬 /157

职场“蜗居”第十四条：加入小团体能给你带来一些实惠，但是如果你还没有做好“殉葬”的准备，那就远离那些所谓的小团体。

第十五章
不加入小团体，并不代表你就可以置身事外了 /168

职场“蜗居”第十五条：利益永远是职场一切事物的向导，你可以不会相时而动，但你不可以不会随“利”而动。

第十六章
如果损失物质利益能换来人情利益，那这个买卖可以接受 /180

职场“蜗居”第十六条：不是所有的让步都能得到善意的回报，如果损失物质利益能够换来人情利益，那么这个买卖值得一做。

第十七章
如果你只想占便宜不想吃亏，你永远会是孤家寡人 /192

职场“蜗居”第十七条：如果你足够强大，那你根本不用吃亏，但如果你还不够强大，那就把吃亏当作享福。这种福享得多了，自然有回报！

第十八章
不懂妥协勇往直前的人，最后总会撞上南墙 /204

职场“蜗居”第十八条：勇往直前是一种勇气，但是却

第一章

如果你不懂得“蜗居”，最起码你不要去张扬

职场“蜗居”第一条：一万个不懂得“蜗居”的海萍也抵不上一个懂得“蜗居”的宋思明。你不懂得“蜗居”没关系，关键要看你是想成为下一个海萍，还是下一个宋思明。

说句最实在的话，人们挤破了脑袋非要挤进好单位、好公司、好企业，为的是什么？不就是有一个光明的职业前景，在拿到足够的薪水之余，能够向亲戚朋友们说，自己也是公司的一个领导，自己也是在职场上有地位的人吗？不就是为了在公司不再是人人都能"捏"上一把的小职员吗？

的确，想要叱咤职场没有错，也是人之常情，而且有梦想人们才会有奋斗的动力，所以人人都应该有一个长远的职场愿景，人人都应该努力升职加薪，可是问题就出在，在职场上不是只有你一个人这么想，也不是只有你一个人会这么做，而是人人都在这么想，都在这么做。

可是职场的位置都是有限的，对于这一点恐怕每一个通过层层面试进入公司的人都深有体会。现在进入职场我们就要面临僧多粥少的尴尬局面，这时我们应该怎么做？

1. 身在职场就是要有大目标

职场竞争这么激烈，干脆退出算了，如果你这么想，那么你可能永远都没有机会成为职场上叱咤风云的人物了，而且那些灰溜溜地从职场上隐退的人当中却可能会有你的身影。

古人说，知难而上才是大丈夫所为，才是勇者所为。只有懦夫和软蛋才会知难而退，才会"不战而降"，所以，如果你说自己不是懦夫，你一定会坚持下来努力地在职场立足。很好，这样你就有希望实现自己的愿望。

但是有了一席之地还不是你可以沾沾自喜的资本，接下来你要做的事情还有很多。既然已经在职场立足了，那么接下来你就必须想想今后你要做到什么位置，这才是决定你职场成就的大方向。

有了这个方向你才不会在职场浑浑噩噩地过日子，才会有工作的动力和奋斗目标。你才能在职场中遇事从大局考虑，才能忍一时之辱。否则没有大目标，走一步看一步，那么你所能看到的可能就是你眼前不断变化的各种小利益和领导手里的小恩小惠。可以说职场目标的大小直接决定着你职场成就的大小。

所以，要想在职场显赫，首先就要树立大的职场目标，只有这样你才能看得高，走得远，才能将自己的价值最大化，同时也获得更多的收获。

2. 如何实现目标才是最重要的

当然，有一个大目标是可喜的，但是有了大目标却没有大行动，没有大努力，那么再大的目标都不过是空想，都不会变成现实，所以，有了目标就要努力去实现。

有几何常识的人都知道，两点之间直线最短。于是有些人一旦有了目标就朝着目标直奔，不在乎周围的人怎么想，怎么看。但是你要明白，只懂得盯着目标的人很可能会被别人伸出的腿绊倒。所以，有了大目标，在做事的时候我们首先要做的不是冲向目标，而是要去确定实现目标的大政方针。毕竟目标只是指导，是理想，而非现实，要把目标变成现实，我们还得一步步地去做。

但是很多时候一个人的主观努力并非处在一个理想的真空状态，不是你努力了就能够进步，相反有时我们做出的努力反而可能会使得我们与目标背道而驰。

这些努力或许从表面上看是有积极意义的，可是我们在职场上除了要看重自己的努力外，还要瞅瞅周围的人都在干什么，我们的努力能否可以让他们为我们让步，能否让他们助我们一臂之力。

如果能够群策群力那就最好不过，如果不能，我们就需要分析一下原因，同事们为什么会成为我们职场上的阻力呢？

究其原因还是因为我们之间存在着共同利益，共同目标，每个人都想要高薪、高职，可是这些机会都是有限的，我们得到了就意味着他们失去了，他们得到了就意味着我们失去。在这种你得我失的关系中，我们和同事的关系实在不容轻视。

3. 如果高调就会“见光死”，你还会高调吗？

高调地纵身一跃大喝一声：“这个位置是我的，谁都不能跟我抢！”你觉得这样的大喝会有用吗？就好比面对一个持刀对你实施抢劫的强盗，他会因为你的大吼大叫而放下屠刀立地成佛吗？很显然不会，为什么？

高调地竞争只会激发出对手更多的热情和激情，只会让更多的同事看到你不安分的心，只会过早地暴露你的目标，从而让你周围的同事迅速地站到你的对立面。这样整个职场气氛就会变得剑拔弩张，每个人都处于备战状态，在这种状态下想要超过同事，脱颖而出，难度无疑就变大了很多。

更何况在职场没有一个人会因为你的高调而变得偃旗息鼓，更不会有人乖乖地给你让出一个高职，相反他们会暂时地联合起来对付你一个人，这样一来你坦诚地说出自己的远大理想的结果就是“见光死”，就是成为众矢之的，成为同事们“群殴”的对象，与其这样，你反倒不如低下头，低调一些。

4. 如果低调能够保全名利，你会低调吗？

身在职场想要成功地实现目标，我们不妨走走“曲线”。虽然“曲线”可能会让我们多走很多路，多做很多努力，但是有时候走“曲线”可以绕过很多障碍，可以使原本阻力很大的事情变得轻松容易，因此走曲线有时候比走直线更高效，更值得选择。

所以我们不得不承认在奔向目标的道路上，我们所要做的除了时刻心怀目标，还要眼观四路，耳听八方，时刻小心道路上可能出现的小意外、小阴沟，不能出师未捷先让自己在阴沟里翻船。

事实上走“曲线”就是走低调路线，就是以退为进，就是以庖丁解牛的方法在困难和障碍之间躲过“枪林弹雨”，从而做到“游刃有余”。

因为低调能够很好地保护我们的真实目的，使我们从外在上看灰暗无光，从而达到混淆视听的效果，从而让周围的人认为我们对他们来讲是没有威胁的人，也不会成为他们的竞争对手，这样他们就会对我们放松警惕，就不会处处与我们为难，这样我们就可以争取到很多的时间和机会进行暗箱操作，从而达到出其不意、后发制人的目的。

所以说有时候，低调更能够有效地保全我们的名利，更能够帮我们躲开身边的阻力和障碍，这样能够一举两得的好方法我们为什么不选择呢？

5. 不想成为海萍第二，那就选择“蜗居”吧！

相信看过电视剧《蜗居》的人都会对剧中的人物宋思明和海萍印象很深。他们同在一个电视剧中出现，但是他们却是两种性格截然不同的人，而且他们在职场上各自都有一套自己鲜明的生存法则。

宋思明擅长暗箱操作，从不在人面前显示自己职高权重，可是他却能够低调地借他人之手神不知鬼不觉地把事情做了，而且多半做得天衣无缝。因此他才能从一个穷小子逐步成长为市长秘书，成为社会地位和经济实力都受人羡慕的人。

相反海萍则是一个心里藏不住事的人，在办公室总是张扬多事，哪怕有时是上司批评她几句，她都会据理力争，甚至觉得都是上司不对，想要让上司给她道歉，她才能开心、惬意。而在与同事们相处之中，她更像是一个刺猬，只要有谁说话不中听，有悖她的意思，她就会不假思索地反驳相向，搞得同事们对此不知所措，只能避而远之。

这样一来，她不仅得罪了单位里的上司和同事，还搞坏了自己的心情，让自己在牢骚满腹的同时感到更加不平衡，最终只好以辞职的方式在职场黯然收场。

虽然在电视剧中，海萍最终的结果还算不错，开了一家自己的培训学校，可是我们必须想想如果没有宋思明的帮助，她的学校能够这么顺利地开起来吗？充其量她不过是一个心比天高、命比纸薄的兼职教师。

作为在职场上打拼的我们，不是人人都有她那么好的命，有人帮助，有人关照，我们更不能保证离开了职场单打独斗我们就能闯出一片自己的天地。所以，如果想要在职场越做越好，那么我们就不能做海萍第二。即使我们不像宋思明一样懂得“蜗居”，至少我们不能在职场太过张扬。

案　例

孙宪超目前是一家大型出版公司的小编辑，这已经是刚刚大学毕业一年出头的他所经历的第二份工作了。前一份工作是在一家广告公司做文案。喜欢创意的他毕业之后就把策划类工作作为了自己的求职方向，所以找工作时非常有针对性，最后选择了这家广告公司。入职之初，孙宪超就把自己的职场目标设定成为一名广告策划。为了这个目标孙宪超不介意从低层做起，因为业内有好多牛B策划都是文案出身，孙宪超相信只要自己坚持创意，就一定会有出人头地的机会。但是他忘了各行各业都需要有自己的专业技能，而这些技能无疑是中文系毕业的孙宪超的短板，也是制约他向目标发展的硬伤。

孙宪超在广告公司依然坚持着点子创造奇迹的观念，从来都不考虑要成为一名广告策划真正需要的是什么。不过就算孙宪超知道了这些，他也懒得去为自己的目标重新进修这么多的专业知识，与这种既费钱又费时间的“深造”比起来，还是自己的创意来得实惠一些。

这种投机取巧的方式显然不能帮助孙宪超达成目标，因为对于广告策划来说，除了空想，孙宪超无一技傍身。但是孙宪超并不接受这个现实，为了尽快崭露头角，平常在工作中总仗着自己还算灵活的头脑为策划们出谋划策，说到得意之处免不了当众对这些策划的选题指指点点。孙宪超这样做虽然多少能为自己的上司排点忧解点难，但是更多的会让这些策划们感觉这个孩子不踏实，总想着越权，而且做文案还稍显业余的菜鸟还经常挑战他们这些科班出身的“权威”，有的时候在创意上确实会有那么灵光一现，不过这反而会让这些策划们更加没有安全感：“一个公司总共就这么几个策划的位子，你小子刚来就想着往上爬，视我们这些老策划们的饭碗为何物啊？”

在办公室里“活蹦乱跳”的孙宪超逐渐地成为了众多同事们的“眼中钉，肉中刺”，原因就在于他的这种高调作风，太以自我为中心，让自己的目标赤裸裸地暴露在同事们的面前，让别人产生危机感的同时也给自己带来了危机，自然而然地成为了众矢之的。孙宪超的第一份工作就这样在同事的排挤与上司们的提防中草草收场。

失业后的孙宪超总结了自己失败的原因：不是自己能力不行，主要还是自己不会在办公室里为人处世，太招摇过市，以至于激起民愤。冷静下来的孙宪超感觉到有必要重新规划一下自己的职业方向和职场观，因为连他自己也发现之前的那个广告策划对他来说有点不靠谱。结合了自己的专业和特点，孙宪超认为自己应该去文学领域发展，那里可能会有更多的选题等着自己去挖掘。而对于从低到高的发展顺序，他还是深谙其道的。所以就有了现在的HW图书出版公司的小编辑——孙宪超。

HW图书出版公司是一家规模不小的出版公司，主要的职能部门有三个，分别是发行部、策划部和编辑部。孙宪超就是编辑部里的一名成员，他的顶头上司是第一组组长李薇薇。聂常光则是他们的大领导，负责整个编辑部工作，大家都叫他聂主任，此人三十出头就当上了编辑部主任，正值有资本又拼劲十足的年岁，所以HW的编辑部被他带得是虎虎生威，朝气十足。

由于专业对口，在图书创作这个领域里孙宪超也算得上是大半个科班出身了，刚来的第一个月就完成了一份准B类稿子（还没发行，业内领导估测），得到了上司的赏识，在试用期的第二个月就提前转了正。有了上一次教训的孙宪超虽然有点得意，但并没有忘形。依然像试用期那样严格要求自己，兢兢业业地遵照上司和老板的吩咐完成任务，如果非要说转正之后与之前有什么不同之处的话，那就是多了一份安稳的责任心和在心底那份对未来发展的坚定信念。由于孙宪超的低调与勤奋，自然而然地赢得了同事们的尊重与好感。

在HW新进的这批编辑中，除了孙宪超外，还有一个人的表现也比较突出，同样是中文系文学类专业毕业的他在作品质量上丝毫不逊于孙宪超，而且进度方面还略胜一筹。只不过此人在业绩上表现突出的同时，就像孙宪超在上一个公司那样，在为人处世方面也要处处拔尖，丝毫不允许别人抢了自己的风头，而且还有点恃才傲物。凭着自己的那点才学，完全不把前辈们的叮嘱当回事，还经常对同事们的作品评头论足，看那架势，还真把自己当成大文豪了。这个人就叫刘宇飞。

刘宇飞虽然为人张扬，但凭着出色的写作能力与孙宪超一样成为了惜才如命的编辑部主任聂常光眼中的明日之星。为了培养这两个新人，聂主任经常把他俩单独叫到自己的办公室"开小灶"。

而每次从办公室出来后孙宪超都把聂主任新交代的任务和一些跟其有关的交谈内容转达给自己的组长李薇薇并与之交流，久而久之孙宪超与李组长的关系越来越好，经常能从李薇薇那得到些指点，无论是创作技巧还是办公室处事之道。而反观我们的"刘大文豪"，每次从聂常光的办公室出来都是一副得意扬扬的样子，这让他的组长王伟看着既嫉妒又心虚，因为他不知道老板叫自己的组员进办公室都谈些什么，而自己的组员又会不会窥视自己的位置在老板那里说自己的坏话。所以平常工作中王伟总会对刘宇飞存有戒心，别说不能像前辈对新人那样为刘宇飞指点一二了，就连上下级间应有的匹配度都几乎为零。

就这样，刘宇飞在闭门造车中缓慢前行，除了聂主任偶尔指点外，其他同事谁都不愿意与刘宇飞有过多的交流，一方面怕刘宇飞那种恃才傲物的个性，完全不把同事们的意见当回事，与他交流过程中一旦双方有不同的观点，那么一定会被刘宇飞当面反驳，与其自取其辱，何必自找麻烦。另一方面，刘宇飞的目的非常明确，就是要在短期内成为公司的骨干，其实有这种想法也无可厚非。不过这种赤裸裸的硬抢只适合放在心里，要是平常挂在嘴边，任哪个同事听了心里都得犯嘀咕，这种长他人能力抢自己饭碗的事就算傻子都不会干，对付这种"职场强盗"宁可自己不进步，也不能让他得逞。不过说了这么多，归根结底其实就一个原因，那就是刘宇飞太高调，太张扬，惹得周围同事既反感又不安，而这些同事们对刘宇飞的态度就是：就算不能让你"死"得很惨，也不会让你活得更好。

而孙宪超的处境却截然相反。不论是主任还是组长或者编辑部的其他同事都愿意与他交流切磋，因为在办公室内一向低调的孙宪超向其他人传递的信息就是："我只想好好地混碗饭吃，而且我会竭尽所能与大家共同进步。”像这样安全系数非常高，而且在得到老板赏识的同时又非常谦逊的可以与大家分享的新人，没有人会不愿意与他沟通。而孙宪超在与这些人交流时，从来都不会说“我要……”、“你不能……”，这就让周围的同事即安心又愉悦。孙宪超就这样以低调和谦和的态度赢得了同事们的好感，也在和他们的接触中不断地、快速地成长着。只是这些同事从来都不知道的是，孙宪超心中有一个不逊于任何人的坚定目标，并且他一直在为实现这一目标寻找机会。很快这个机会就来到了他的面前，不只是他，还包括编辑部的所有同事。

由于编辑部的日益壮大，策划部那边的选题数量和质量已经满足不了聂常光日益增长的“胃口”了，所以他决定在自己的部门内成立一个策划组，这样也会培养出更多优秀的图书人才。聂常光手下的策划组初期规模则是“两老带两新”，这其中的“两老”就是指两个组的组长李薇薇跟王伟，而“两新”则是从编辑部的其他同事中选拔，选拔的方式就是参选同事事先准备好自己的选题，然后在开会时上报给聂总，再由聂总与组长审核，最终决定结果。而当上策划的最大好处则是自己的选题一旦通过，就会得到一定额度的奖金。得知可以加薪，整个编辑部的编辑们都在磨拳擦掌，跃跃欲试。

这其中“擦”得最明显的当然就要属刘宇飞了。得到通知之后，刘宇飞每天都会在办公室内晒一下自己的新选题。他认为这样一方面可以“先下手为强”，避免别人的选题和自己重复，另一方面还可以炫耀一下自己的才能，好让这些竞争者知难而退，趁早死了这条心。客观地说，他的这些选题确实有很多值得一提的，但是他炫耀出来的好选题越多，为别人造成的负担也就越重，而这种负担转嫁到自己身上的敌意也就越深。就在他还在那舍我其谁的时候，很多同事都已经开始对他“磨刀霍霍”了，这其中就包括他的组长——王伟。虽然他的存在并不能影响到王伟能否进入策划组，但是经验老到的王伟已经看出来刘宇飞的野心不止这么一点点，日子长了没准连自己的组长饭碗都可能被他抢了去，所以决定一定要将身边这个“定时炸弹”打压下去，捂到最底层。这样就算他真“炸”了，也不会有多大的破坏力。

就在刘宇飞准备两三天选题之后，他却再也做不出什么好选题了，不是他“江郎才尽”，而是他再也没有时间想这些选题了。因为王伟给他下发了一个繁重但并不艰难的任务——修改稿件。由于有的稿件不符合出版要求，所以会交给编辑部重新修改，然后按规定日期再次交稿。而修改稿子可要比写稿子麻烦得多，因为编写稿件可以按照顺序从头写到尾，而修改稿件则是要认真仔细地在十几二十万字中间挑改错误，费时又费神。王伟这次为了打压刘宇飞，特意把半年内积攒的退稿都交给他处理，这些退稿不下十几份，可真够刘宇飞喝一壶的了。一向自恃才高八斗，又对其他人的作品批评惯了的刘宇飞在接到任务后自然不好推脱，也就只有埋头苦改哑巴吃黄连的份了。

就在刘宇飞在那里为了修改退稿忙得焦头烂额的时候,孙宪超则“偷偷摸摸”地想出了不少好选题，不过除了拣几个和组长交流之外，其他同事都不知道他的选题做得怎么样。半个月很快就过去了，在选题会议上有两位组长先递交了自己的选题，作为参照，之后所有组员都争先递交自己的选题，数量上从一两个到二十几个不等。而在这其中只有一个人略显沉稳，他就是孙宪超。在看过了两位组长选题的数量后，孙宪超挑选了几个自己最得意的选题，以不超过组长的选题数量为准，上交了自己的选题。而刘宇飞递交的选题数量和质量则远远没有达到自己的预期，况且就在开会的时候，他还在想今天要怎样完成修改进度呢。

经过一周的审核，聂常光宣布HW编辑部策划组的第一批员工是A组组长李薇薇与组员孙宪超，B组组长王伟与组员霍延光。而对于刘宇飞的意外落马，聂总也特意解释了一下，主要由于刘宇飞在选题的质量和数量上稍逊一筹。而大家都心知肚明，王伟跟聂主任在这一周内的交流以及刘宇飞桌子上那一摞厚厚的退稿才是问题的关键。

章后“一”问：

为什么王伟不给聂总做工作，直接将刘宇飞扫地出门?

释疑：因为一味地排除异己，用击倒方式取胜的手段在现代职场竞争中已不再流行。俗话说“杀敌一万，自损三千”，也就是这个道理。

作为上司，遇到自己不喜欢的下属就提议开除的话，先不论老总那会怎么想，单是对于其他下属而言，自己在他们心中树立的根本就不是威严，而是一个“魔鬼”形象，如果自己的下属每天都在胆战心惊中工作，那么谁能死心塌地为你效忠？

况且刘宇飞是聂总身边的“小红人”，单凭王伟的几句话是绝对不可能改变聂总的观点的，搞不好还会偷鸡不成蚀把米，弄得自己在老板心中形象暴跌。所以对于没有把握又得罪人的事，经验丰富的职场达人是不会干的。

职场中，处理这类问题的最佳手段不是赶尽杀绝，而是在权力之内的“制度绑架”。

第二章

收起你那不安分的心，不要让所有人都知道你的野心

职场“蜗居”第二条：没有野心的员工是没有前途的，只有有野心才能有一番成就。可是当你把野心晒出来之后，所有人都会把你看做对手。

1. 做人就是要有野心

有人说只要步步做到位，成功最终不过是水到渠成的事，可是笔者却不这么认为。机器可以靠动力一直不懈地工作，虽然效率会有所误差，但变化一般不会太大，可是人却不同。人有七情六欲，人有喜怒哀乐，人会消极、悲观，人会奋起，也会堕落……所以人除了要努力，还需要有点精神牵引。

作为身在职场的员工，如果每天都按照公司的安排、上司的吩咐，按部就班地完成工作，那么这样的员工，很可能一辈子都是普通员工，都要受人指使、被人领导，而不能成为指使别人、领导别人的人。

这就告诉人们，在职场，做人就是要有野心。有了野心一个人才不会安分地呆在一个职位上一干几年；有了野心一个人才会有更远大的目标和理想；有了野心一个人才会期待更好的前程；有了野心一个人才会燃烧起努力进取的热情和激情；一个人才能够拥有足够的精神力量来忍受奋起过程中的寂寞和蹉跎；一个人才不会被长时间的平庸消磨掉意志……

所以想要在充满竞争的职场中脱颖而出，迅速成长为同事之中相对优秀的人，那么我们首先就要野心勃勃，要知道一个想要成功的人不一定会成功，可是一个不想成功的人获得成功的几率就一定会小得不能再小。

正如一句名言：不想做将军的士兵不是好士兵。身在职场，不想获得成功的员工一定不是好员工。

2. 没有野心的都是成就不大的人

比尔·盖茨是一个野心十足的人，大学没毕业他就想创造一个世界性的微软世界，为此他放弃了在哈佛大学学习的机会，毅然选择中途退学创业，为此他付出了努力和青春，最终他成功了；巴菲特很小的时候就知道要努力敛财，就在他上小学时他就学会了贩卖小东西赚钱，并学会了炒股，而且他从来不满足于小小的收获，他要成为百万富翁、亿万富翁，最终他成为了世界巨富；马云最初不过是一个普通的大学教师，可是他不满足于平凡的工作，他胸怀野心，他要创业，他要成为成功的老板，为此他做过小商贩，开过翻译公司……最终他成功地创办了阿里巴巴……

不能否定，当今社会响当当的人物中，没有一个是甘心平庸的人，没有一个是没有野心的人。也正是因为胸中一直都有野心的碰撞，他们最终成为了这个时代的成功人士，然而更多的以万计、十万计，甚至上千万、上亿的人却因为甘心平庸，没有野心而成为了被时代忘记的人，没有人知道他们的名字，也没有人会记得他们的样子。他们就这样默默地来到这个世界，又悄悄地离去。

由此看来造成两种截然不同的结果并非仅仅是能力和智力的差别，更是谁更有野心的差距，一个没有野心的人很难获得较大的成就。

同理，虽然我们只是职场上普通的员工，我们能够成为比尔·盖茨、巴菲特，甚至是马云的机会比较小，但是只要我们努力，只要我们敢于这么想，那么我们至少能够在平凡的岗位上获得不平凡的成绩。但是如果我们从来不想去改变或是努力争取更好的前途，那么现实是不会主动变好的。

所以如果我们想要在职场有所收获，有所进步，有所成绩，那么我们首先就要有点野心。只有这样，我们才能在野心的驱动下，获得更大的工作热情和激情，而我们获得提升的机会也会随之而变大。

3. 光有野心还不够，你还要有耐心

拥有野心的人就像一个被装了马达的机器，他会不知疲倦，他会时刻充满激情，他会愿意为自己的野心付出代价。他不会因一时的挫败而悲观失望，更不会因为暂时的落寞而绝望。然而，我们的成功不是一朝

一夕就能获得的，更不是短暂的热情能够造就的，成功需要每一个人一步一个坚实的脚印走出来的，所以说身在职场想要获得别人难以获得的成绩，光有野心还不够，还需要有足够的耐心。

足够的耐心是野心生根发芽的基石，是一颗野心不停跳动的动力和能量源泉。正所谓：耐不住寂寞，守不住繁华。职场不是一场人际关系单纯的竞技场，相反职场中到处充满了可能综合我们努力的因素。

所以不是我们所有的努力领导们都能看得见，也不是我们所有的努力都能成为正面的努力，相反，有时我们的努力反而会被别人拿来当做要挟我们的把柄，会成为我们晋升的障碍，所以，在拥有野心的同时，我们还要首先有点耐心，先看清形势，分清敌我。

只有大方向明确了，敌友分清了，我们才可能在野心的激励下做出有利于我们晋升和加薪的事情，才不会处处被人掣肘，遭人算计，我们才可以把自己所有的努力变成积极的努力，我们才能一步步地接近目标。

4. 耐不住野心，你就会成为众矢之的

不能否定，在职场之上没有一个人会喜欢和一个处处喜欢和人争风吃醋的人为伍，更没有人愿意成为别人晋升的垫脚石，所以说有了野心也不能把它表露无遗，而应该深藏不露，让它只成为你心中的秘密，这样一来你可以继续表面谦和，同时你也就能够避开很多竞争对手。

或许有人会不屑地说：这简直就是虚伪。不错，这样或许有点虚伪，但是更是一种职场生存策略。要知道在职场，光明磊落的做法是不能长久的，公开的野心家是没有市场的。只有懂得伪装自己，一个胸怀野心的人才不会成为群起而攻之的对象。

要知道人都是自私的，职场上谁不想在上司面前多表现自己，多努力提高业绩，多拿佣金呢？而对于一个明摆着的野心家，就好比是和尚头上的虱子，谁都能轻易发现他的威胁，他的存在很明显地会被别人当成是一种挑战和竞争，所以一个公开的“野心家”在职场就会如同过街老鼠一样，一旦见光，就会成为众矢之的，就会成为人人喊打的对象。

所以，一个有野心成就大事的人在职场更应该学会伪装自己，更应该懂得把自己的一颗不安分的心严严实实地藏在衣服里面。

虽然在很多时候，职场更需要胸怀野心的出头鸟打前锋，为企业开创更多的新领域，但是在努力方面我们可以做得最多，可是在功劳面前我们却不能表现得太过“渴望”。要知道职场一切只有冠于高尚的道德，才能够获得更多的拥戴。

一个再努力、功劳再大的员工，只要他“师出无名”，或是“名不正、言不顺”，那么他所做的努力就很容易会被人冠以“抢功”、“争功”、“急于表现”等等的高帽子，这样一来他虽然付出了很多，得到的却可能是大家的一致敌对。所以说在职场要有野心，但不能暴露野心，否则野心越大，你的“敌人”也就越多。

5. 真正聪明的人从来不会暴露野心

在职场，暴露的野心就好比靶心，每一个想要获得同样目的的人遇到怀有这种野心的人都会恨不得踹上两脚，或是退避三舍，再或者就是暗中捣鬼对之实施扼杀计划。相反，隐蔽的野心则好比星星之火，虽不够闪耀，却能够顺势燎原。

对自己来讲，野心好比火种，有了职场野心，自己才能够在职场纷争中始终坚持自己的目标，不会轻易被别人误导，更不会失去自己的原则随大流，自己才能在野心的指引下逐步实现自己的职场愿望。

对于他人来讲，别人的野心是一件很可怕的事情，同事有野心就意味着自己可能会成为他要对付或是扫除的对象，因此在对方没有行动之前，他们就想要先发制人，结果胸怀野心的人或许还没有做出什么动作就可能已经被同事们封杀。而且一个胸怀野心的人知名度越高，那么他的野心为他招来的对手也就越多，他将面临的麻烦也就越大。

为了既坚持自己，又可以名正言顺地避开同事的“敌意”，一个真正聪明的人是从来不会轻易暴露自己的野心。

因为，作为职场上再普通不过的我们，想要立志有一番作为，我们就要首先明白，野心只能是给自己看的，只能是给自己做指引的，而不是要做给他人看的，更不是用来招惹麻烦的，所以自己的野心只能自己知道，而不应该让他人知道，否则知道的人越多，那么我们实现野心的阻力也就越大，麻烦也就越多。

案　例

孙宪超已经进入策划组两个多月了，在这两个月的时间里孙宪超之前的工作热情慢慢地趋于冷淡，其原因可能是恰逢孙宪超的瓶颈阶段，也可能是自己的策划目标已经完成。而两个月的时间，让孙宪超对策划工作的那份新鲜感消磨殆尽，现在的孙宪超已经慢慢地步入到了职场“混”族的那一行列，在表现日显平庸的同时，也让他自然而然地退出了编辑部“青年才俊”的集团。反倒是刘宇飞在王伟的打压下越挫越勇，无论是编辑能力还是办公室的为人处世方面都有了明显的进步。这也让他逐渐地成为了编辑部“青少派”中的领跑者。

当初最被寄予厚望的两个明日之星——孙宪超与刘宇飞目前的差距非常明显，这也让一些旁观的同事议论纷纷，有的说孙宪超是绣花枕头中看不中用，有的则认为刘宇飞这叫“路遥知马力，后来者居上”。总之，无论大家说法有什么不同，观点都是一致的，那就是孙宪超已经不堪重用，慢慢趋向平庸；而刘宇飞正在由一支“潜力股”向真正的“绩优股”转变。至于之前刘宇飞的高调张扬给大家造成的不安，早已经通过刘宇飞这两个月来的有意克制以及王伟的制约，慢慢地让大家淡忘了。现在大家在一致看好刘宇飞的同时，也对孙宪超的策划位置觊觎良久，因为谁都能看出来以孙宪超现在的状态来说，被聂主任拿下那是早晚的事。

对于同事们在背后的议论，孙宪超也不是没有耳闻，只不过现在的状况是自己想使劲却不知道往哪发力，孙宪超认为自己目前的位置在短时间内很难有所提升，所以现在唯一能做的就是原地踏步。对于在职场打拼的人来说，失去方向感与奋斗目标是件很可怕的事情，而现在的孙宪超就恰恰处于这种状态。失去这两样东西就意味着放弃了向更高层次侵略的野心和进攻手段，一味地固守现有的领地，只能让自己在自满中逐渐陷入平庸，而迟早有一天会让后来居上的“侵略者”将自己攻陷。

其实孙宪超也感觉到了自己位置的岌岌可危，不仅是策划有危险，就连自己的保底工作——编辑，也会让自己产生不安，这倒不是孙宪超害怕失业，而是自己的这种状态让孙宪超对自己的未来开始产生了怀疑，照着自己现在的趋势发展下去的话，那么在若干年后的孙宪超充其量也就是个文字录入员。一想到自己毫无长进的未来，孙宪超就不由得变得绝望起来，而面对自己的绝望，孙宪超又显得非常无助。

他也不是没想过更进一步，但是作为自己的组长，李薇薇的能力足可以让自己仰望，凭自己现在的实力要想取她而代之，那也只能是可望而不可即的事情。而就算李薇薇真的把组长让给自己，面对这些比自己经验丰富的、比自己能力强的手下们，孙宪超也毫无管好他们的自信可言。正是由于孙宪超的不敢、不自信，才使得自己失去了方向，失去了目标，而归根结底，就是因为孙宪超没有野心。野心是一种最具侵略性的信念，它可以让人有信心、有动力去争取一切他想得到的。没有野心的人，就连自己想要什么都不知道，还何谈进取呢。

不过孙宪超还是比较幸运的，就在他摇摇欲坠的时候，一个人的决策和一个机会的出现，让他又重拾起了信心与希望。这个人就是聂常光，而这个机会也来自于他的这次决策。

由于编辑部是HW出版公司的核心部门，出版公司在业内的影响力与号召力还有图书质量都与他们息息相关，所以作为这一核心部门的老大，聂常光承受的工作压力也非常大。而聂常光正值虎狼之年，又是个野心十足的家伙，在他的带领下，编辑部在不断地壮大，相继出现了自己的策划组与市场调查组，大有独立自主取其他部门而代之的趋势。不过由于编辑部在他的带领下业绩越来越出色，公司的高官们也就睁一只眼闭一只眼，只要不威胁到自己，大家就都“高高挂起”，看他自己一个人在那忙活。这样的宽松环境自然方便聂常光放开手脚去干，但同时也会让他越来越辛苦。就在编辑部发展到一定的程度时，聂常光发现自己凡事都大包大揽，大步向前的他有时反而制约了部门的发展，所以聂主任决定在编辑部内提升一个主管替自己“主内”，这样自己也好放开手脚使编辑部不断向外扩张，例如找知名作家、名人约稿一类的外交工作。

对于主管的人选，聂常光心中已经有了一个定向目标，这个人就是A组组长李薇薇。李薇薇的优势就在于她是编辑部跟着聂常光工作时间最长的手下,可以说李薇薇的领导经验与两人之间的默契程度毋庸置疑。而之所以没考虑到B组组长王伟的原因也正是在于此处，在李薇薇与王伟能力不相上下的基础上，聂常光那提升主管的标准自然落在了双方在阅历上谁更胜谁一筹。

消息一经传出，除了李薇薇与王伟一个高兴一个失落外，其他人则更关心的是李薇薇提升后空出来的这个A组组长的位置谁来接替，如果按着聂常光平常喜欢搞团体竞争的话，那么每个员工都有机会升任组长。所以编辑部内再一次出现了集体摩拳擦掌、跃跃欲试的场面。

B组组长王伟很快从失利的阴影中走了出来，在证实了部门内部对A组组长进行公平竞争的消息后，立刻召开了小组会议，在组内先推选出参选A组组长的“种子选手”,而那些非“种子”选手则会被迫放弃参选。这些被迫放弃的人对于王伟的这个决定也只有敢怒不敢言的份，因为已经习惯了王组长的铁腕政策和权术技巧的手下来说，即使自己去参加竞争，其结果也不会好到哪去。就这样在小组会议结束后，组长王伟挑出了三名“种子选手”作为组长推荐上报给了聂主任，他们三个分别是策划组的霍延光、能力不错的刘宇飞以及组长王伟的绝对亲信王金石。

王伟也在这段时间内对这三人重点培训，好让他们尽早熟悉组长的工作内容。而对于这三个人，王伟的期待值也是有所不同的，这其中对刘宇飞的期待值是最低的,因为刘宇飞这个人一向有点功高压主的趋势,所以不能保证他当上组长和自己平起平坐后还能把自己当回事，但是刘宇飞在自己组内的工作能力又是最高的，如果择优录取的话，那么刘宇飞的机会就是最大的；而霍延光虽然在能力上以及和自己的关系上都不是最好的，但是两者综合起来还是最强的，不过霍延光已经在策划组为自己占了一席之地，如果再让她当组长的话就等于是浪费资源了，反观另一个“种子选手”——对自己言听计从的王金石，虽然能力平平，但与自己的配合度是最高的，所以如果让他当选组长的话，那么在编辑部内完全有可能把李薇薇这个主管架空，然后再慢慢将其挤下去。

就在王伟将自己的如意算盘打得声声作响时，李薇薇也不是没有动作。不过较王伟比起来李薇薇在推荐接任组长人选时还是比较低调的，她只向聂常光推荐了组内的一个人选，他就是孙宪超。

当孙宪超听到这个消息时可谓是惊大于喜，惊的是自己都不相信自己能当上组长，即使当上了也一定不能当好。现在李薇薇把自己推到风口浪尖，这可相当于给自己找了一个大麻烦。在一场“实惊”过后，孙宪超立刻找到了主管李薇薇，向她表示自己没有能力当这个组长，为了不辜负她的希望，求她另换个人选。

李薇薇听完后，感觉有点莫名其妙，先不论组长的权力有多少，单是当上组长后的工资就不是一般编辑所能比的，居然有人把送到嘴边的鸭子给吐出来。不过她又转念一想，自己刚当组长那会儿不也是忐忑不安吗，于是就给孙宪超打气道：“你在能力方面比同时期的我可是高出了很多，而且有待挖掘的潜力也不少，所以你放心，在我的支持下当好这个组长绝对没问题，况且最难能可贵的是，你的低调谦和的性格，有时候会为你赢得很多援助。只不过有时低调过度反而影响了你的发展，这次提升组长说不定会成为你突破瓶颈的动力，所以于公于私，让你当这个组长是再适合不过的了。”

孙宪超听完李薇薇的鼓励后，还是心里没底，继续在那推脱。李薇薇看他确实是有点谦虚过度了，现在不但没有上进心，连对自己最起码的信心都被丢得一干二净了。所以又换了一副严肃的表情对他说道：你现在不是干不好，而是不敢干，你不敢干是因为你没有信心没有野心。”当听到“野心”这个词时，孙宪超不由得诧异地看了李薇薇一眼。李薇薇继续说道：“你也不必在心里犯傥，虽然我作为你的领导不能跟你提野心这么敏感的话题,但是我把你当做是自己人。你现在又不给我争气，所以我就必须要提醒你。你懂什么是野心吗？”

见孙宪超哆哆嗦嗦地摇了摇头，李薇薇继续说道：“不懂的话你就看看周围这些同事，聂主任有野心，所以他才能把编辑部带得风风火火。王伟有野心，所以他才能压得住那些比他有能力的组员而又对现在这个组长位置跃跃欲试。就连跟你一起来的那个刘宇飞也有野心，只不过他还是个愣头青，不够低调，这样的野心反而把他害了。跟你说句最实在的话吧，就连我也有野心，要不然这个主管位置迟早会让王伟抢去的，你没看他现在就开始积极练兵，在编辑部安插党羽了吗，他这是要架空我，然后自己掌握实权。所以说有野心可以让人时刻进步，没有野心那你只能在原地等着别人超过你，拿走你不敢拿的一切，这么简单的道理希望你现在就能明白，因为我不想跟你啰嗦第二次。不过我不妨提前告诉你，按照我对聂主任的了解，王伟这种按不住性子又这么明显的野心，拿到聂主任那一点用都没有。所以你再给我记下一条：野心 + 高调 = 自杀，野心 + 低调 = 谋杀。这其中的意思你自己去体会吧，现在你还想不想让我推你当组长，只要你一句话。”

听完李薇薇的长篇大论后，孙宪超感到茅塞顿开，回想自己之前的低迷表现，不就是因为自己没有野心吗？所以立刻表了态：“主管放心，我一定不会辜负你对我的希望，拼了命也要把组长拿下，不让他落在B组手中。”

李薇薇听后满意地笑了笑说：“在办公室里跟人斗，你得会谋略，别动不动就跟人玩命，你把命都玩没了还怎么升职加薪？既然你明白了，我也不跟你废话了，出去工作吧。”

就在李薇薇在自己的办公室内教导手下时，王伟那边在经过一番大张旗鼓的培训后已经把刘宇飞、霍延光、王金石三个人的名单上报到了聂主任那里，并且在办公室内将自己的这三个得力干将大吹大擂了一番。

聂主任边听着王伟在那表演，边盯着手中两个组长提供的候选人意见，只笑了笑，说了一句让王伟让丈二和尚摸不着头脑的话：“1 比 3。”随后聂主任把李薇薇也叫到了办公室，宣布了A组组长评选结果，接替李薇薇成为A组组长的那个人就是组长意见中的那个“1”——孙宪超。当然对外公布的评选过程和原因则要说成是根据在一段时间内对所有人综合能力的审查才得出的结果。

章后“一”问：

不是说组长竞选是公平竞争吗？为什么最后要采纳上司的候选人意见？

答：在职场中公平竞争有时只是掩人耳目的书面词汇，如果对于这种CCTV似的官方通知深信不疑的话，那么你只能成为这种竞争“潜规则”下的牺牲品。竞争的背后是利益，利益的背后则是提出竞争的掌控者，这些职场中的领导者可不会做亏本生意，所以在选择竞争者时，他们考虑的并不是大家的感受，而是自己的利益。谁能为他创造更多的价值，谁当然就是最终的胜利者。

▶ 第三章

如果你不会打烂牌，那你还不够格进牌局

职场“蜗居”第三条：你要是忍受不了一手烂牌的煎熬，你手中永远会是一副烂牌。所以，手握烂牌不可怕，可怕的是你没有足够的承受力。

1. 不做媳妇就熬不成婆

在职场除了老板就是高管们的天下，而除了高管就是“老人”们的天下，这个“老人”不是指年龄大的人，而是指资历老、资格老的员工。在职场资历也是一种资本，在新人面前老员工就是“主人”，而新人就是“客人”，不同的是，这里的“主人”不一定懂得待客之道。

相反，面对职场新人，“老人”首先想到的不是“爱护”、“培养”和“尊重”，相反却是“折磨”和“挑衅”，为什么会这样呢？

道理很简单，首先，职场“老人”们天天由上司、老板管着，整天被人“指手画脚”，现在身边正好有一批要看自己脸色的菜鸟，那他们当然不会错过这个“折磨”新人的好机会。

其次，新人初来乍到，很多事都要请教“老人”，而“老人”们在教新人知识的同时，无疑是在为他们树立竞争对手，因为新人成长起来以后，假如他们更有能力，那么他们很有可能会成为“老人”的上司，因此，在新人还是新人的时候，“老人”就会尽最大的努力制止这种事情发生，尽量拖延新人的“新”人期。

鉴于此，职场新人处处被人挑刺也就不难理解了，但是俗话说得好：做不成媳妇熬不成婆。不入职场，我们又如何才能实现职场野心呢？如何才能在职场取得一席之地呢？

所以，面对职场新人的尴尬境地，我们不能因此而知难而退，而应该明知山有虎偏向虎山行，因为只有度过了职场新人期，我们才能成为职场“老人”，才有资格、资历，不受“欺负”，才有机会大展宏图。

2. 没有人生来就招人爱，你也不例外

或许是因为受学习“互相帮助”的教育太多了，很多职场新人初入职场总是在潜意识里认为，其他的同事作为老员工，应该对新员工处处“友爱”，时时“照顾”，否则就有悖于社会道德。可是，这里是职场，不是谁的理想“家园”。所以永远别期望你的同事们会用友好的态度来对待你，除非你们之间没有任何竞争关系，或是你的到来能够给他们带来意想不到的收获或喜悦。

或许会有人说，如果人人都这么想的话，那职场不是就混乱了吗？当然不会，职场也是要仁义道德的，只不过这种仁义道德不适合所有的情况，更不适合所有的员工。尤其不适合初来乍到的新人，当然，如果你是老板的亲属，那么情况就另当别论了。

此外,新人对“老人”种种友好的期待也恰好印证了新人的不自信、不自主和依赖心理。其实职场就是溜冰场，新人初来乍到总是希望能够找到一个扶手,可是,身在竞争激烈的竞技场,谁会希望被人“拖累”呢，谁会无缘无故地做好人呢？

或许还会有人心怀侥幸地认为，我很漂亮，脸蛋迷人，身材火辣，凭我的魅力在单位走一圈，肯定能够倾倒众生，还怕没人会主动跑过来献殷勤吗？

可是你知道吗？羡慕过了头，人就会心生嫉妒，喜欢过了头就想占有。在有人欣赏你的同时，谁又能保证没有人会嫉妒你呢？被人嫉妒可不是一件轻松愉快的事情。同理，被人喜欢本是一件很让人开心的事情，可是如果喜欢变成了纠缠，那就会给人带来很多烦恼和纠葛。

所以，即使你倾国倾城，但是职场却不是T台，想要在这里立足，光靠漂亮的脸蛋和魔鬼一样的身材是远远不够的，你还得会做事，或是会做人，否则长得漂亮只会成为办公室性骚扰的对象。

3. 别妄想别人会因为喜欢你而喜欢你

所以，不论你是靓妹还是帅哥，永远都不要期望初入一家公司就会有人“喜欢你”，就会有人对你献殷勤。不过这种情况也并非绝对没有，只不过别人对你的这种友好多半是在异性相吸引的作用下而做出的举动。

所以，初来乍到的我们还是应该摆正心态，单位是工作的地方，是需要我们发挥智慧和做出成绩的地方，同事们从来都喜欢能够帮助他们改善工作的同事，上司们都喜欢能够替自己分忧的下属。如果你还没有能力做好事情，讨好他人，那么你就别想会有人对你青眼有加。

恰恰相反，作为一个新人如果有人处处“罩着”你、“关注”你，那你就得小心了，你就要冷静地分析一下：为什么？天下没有无缘无故的恨，也没有无缘无故的爱。在单位更没有人会因为喜欢你而喜欢你，所以，在这莫名其妙的关注背后一定有更多内涵丰富的动机。

或许是因为单位内部小团体间的纷争，各小团体都想拉拢新人；或许是有人就看中了你“透明”的特质，想让你替他出头做些他自己不太方便亲自做的事情；或许是有人想拿你做挡箭牌，为了要挟你，他只好先找到你的疏忽……

或许有人会说，职场哪有那么复杂？的确，职场原本不复杂，可就是因为职场上的人多了，职场才变得复杂起来，因此在职场光会做事还不行，还要学会做人，还要懂得人情世故，否则，单纯只会让你成为职场人际纷争的牺牲品。

4. 同事的友好未必都是单纯的

和你光鲜靓丽的外表和精神饱满的状态相反，初入一家公司你将要面对的不会是他人衷心的祝福和帮助，相反你将要面对的很可能和你所期盼的大相径庭。

很多公司的新人或许都会有这样的经历，第一天到公司，大家都各忙各的，自己好像一个局外人一样只能观望，再或者是帮“老人”们打下手，接着第二天或许你找到了自己的顶头上司，或是他们找到了你，给你安排了一堆工作任务，接下来你就开始按部就班地进入了从新人到老人的过度。

或许大家的经历都不尽相同，但是在这个差不多的过程中却可能掺杂着各种各样的“小插曲”。

比如第一天，你不知道首先要做什么，大家都在忙碌，而“老人”们在你面前急忙走过的时候，你想过没有，这是他们在给你一种心理暗示：我很重要，工作很忙，以后你可得靠边站，不要妨碍我做事。或许其他“老人”还可能是在告诉你：你很厉害是吧，通过了公司的面试，可是你看看现在，跟我们比起来，你只有观望的份，所以收起你的骄傲，在我们面前你还嫩着呢！

而当你正式开始工作时，或许会有人跑过来问你需要帮忙吗？这句问候，不一定是友善的，相反对方的潜台词很可能是：我就是来看看你几斤几两，看看你以后是否会对我的晋升造成威胁。或许还有人问，你忙吗？帮我把这个文件打印一下吧，帮我把这些资料整理一下吧。表面上看这些人很看得起你，主动找你帮忙，而他们的内心未必是这么想的，相反他们或许会想：工作干得很起劲，你这是给谁看的？想表现是吧，那好，把我的工作也一块干了吧，我看你有多大能耐……

面对老同事们这些试探性的举动，如果你拒绝那你完了，他们会认为你傲慢、自私、难以相处，三天之后上司对你的看法多少都会受他们的影响；如果你接受，无论是否出于真心，他们都会认为这个新人还算识趣，对我们的老资格还算尊重，为人还算谦虚，那么接下来的日子他们对你的关注也就会越来越少，而这样你在职场的日子才会越来越好过。

或许在接受他们的指手画脚或是颐指气使的时候你会很反感、很不情愿，但是你也必须明白这是每一个新人都会面临的考验。只有跨过了这一步，你才能有资格、有能力摆脱这种状态，否则，你越是不愿低头，惹来的麻烦就会越多。

5. 经得起折磨的人，才能守得云开见月明

不能否认，初来乍到多少会让人感到尴尬，不知道自己的位置究竟在哪里，更不明白周围的同事是否友善、是否好相处，面对这种情况有些人变得迷茫，有些人则格外镇静。

要知道在你刚进入一家单位时，不仅你在观察别人，同时也有更多的人在观察着你，所以此时你要做的就是夹着尾巴做人，为什么要这么做?

首先，别人对你的关注反而是给了你最好的表现自己的机会，如果你不能在资历最浅、处境最尴尬的时候表现出自己的“珠圆玉润”，那么你身上的各种棱角就会是以后他人与你发生冲突的导火线。

其次，第一印象很重要，你给了大家一个什么样的印象，大家就会认为你是什么样的人，如果你单纯没有心计那么你就可能一眼被人看穿，这样一来你今后的“敌友”就会一清二楚，而你也会被动地成为某个小团体拉拢的对象。

所以，在进入一家单位之初，不管周围的同事是友好还是不友好，我们所要做的就是练就“吸功大法”，将同事们向我们投来的一切统统接收。只有收到他们投来的一切，我们才能分清哪些是糖衣炮弹，哪些是真枪实弹，哪些是投石问路，哪些是故意挑衅……

这样一来我们才能够在最短的时间内摸清环境，分清敌我，从而初步确定下来我们继续呆在这里的具体方案和方法，并进一步实现自己的职场目标，相反如果我们的个性像刺猬一样，那么我们可能引来的就是周围同事的大棒和“群殴”，这样一来我们在一家新公司的前途就会因此而“夭折”。

由此看来，新人入职承受一些“老人”们的责难、斥责或抱怨都是有价值的，有意义的。如果我们不能忍受一时的排挤和挤对，那么在接下来的日子里我们将会面临更多的排挤和挤对，正所谓不经历风雨怎会

见彩虹？身在职场不能承受“烂牌”的折磨，我们怎能有机会在职场这个“牌局”中胜出？

案　例

自从孙宪超当上A组组长后，他就觉得没有一天是过得舒坦的。原因有很多，但无外乎两个字——“压力”。一方面是来自组内成员的压力，虽说编辑部内的资深编辑现在由李薇薇带领，自己手下并没有多少强势组员，但是由于孙宪超资历尚浅，组内那些和他工作时间相仿或者比他资格还要老的员工并不能完全信服他，有时根本不把孙宪超说的话当回事，甚至有几个员工仗着资历老，当着大家的面敢和他唱反调。而孙宪超怕自己刚上任就给人留下不团结、处理不好人际关系的印象，所以竭尽所能地避免与这些同事发生正面冲突。每次被手下顶撞后，都要立马转变观点，顺着这些老员工的话说下去，慢慢地就让孙宪超感觉到自己的组员成了组长，而自己倒成了他们的手下。孙宪超一味地退让的后果就是，A组现在大部分组员都不受约束，没人带头，大家每天想干什么就干什么，这样不仅影响了工作的进度和质量，而且还让不良的工作风气在办公室内慢慢滋生。

这种情形愁坏了孙宪超也气坏了聂常光，没想到自己辛辛苦苦在外面忙扩张，后院却起了火。出现这种情况，聂常光当然不能直接找小组长交流，于是他叫来了主管李薇薇，向她了解情况并询问李薇薇是否有必要对A组组长这个职位的人选重新考虑一下，不料李薇薇却把所有责任都揽在了自己身上，说是自己没有尽好主管的义务，没有对新任组长进行及时的指导，并表现出了对孙宪超十足的信心。聂主任看李薇薇都已经这么坚决地表态了，自然也不好说什么了。不过还是在李薇薇临走之前给她设定了一个期限：一个月——如果一个月后A组再不能回复到以前的状态的话，那么A组组长将会从其他三个候选人中重新选择。已经转过身的李薇薇听到这个决定后，脚步不由得停顿了一下，这正是她最担心的，如果让王伟的手下把孙宪超挤走的话，那么自己可就变成孤军奋战了，估计到时候自己的下场也会跟孙宪超一样——被B组的王伟所取代。

就在孙宪超愁得要死，聂常光担心得要命时，有一个人却乐得合不拢嘴，这个人自然就是王伟了。其实聂常光的气愤多少也跟王伟有关，在有了主管李薇薇后，聂常光全身心地投入到了外部工作当中，每天与业内名人以及其他出版社、创作中心联系约稿合作，让他忙得几乎回不了自己的编辑部，所以对于A组的情况自然也就知之甚少，而王伟带有主观目的性的及时汇报就成了聂常光了解孙宪超工作的主要参考材料。王伟的从中作梗不仅为聂常光带来了气愤，也造成了孙宪超任职的另一方面压力。

李薇薇跟孙宪超都知道王伟在时刻盯着A组组长这个位置。特别是在孙宪超刚上任的这段时间，王伟竭尽全力要趁孙宪超立足未稳之际将其掀翻。而李薇薇在一旁也是有忙帮不上，因为李薇薇了解聂常光的管理方式，谁都知道孙宪超是李薇薇的人。如果作为主管的李薇薇插手太多，势必会让聂主任产生反感，王伟之前的三个种子选手就是这么被击败的。而且聂主任不在办公室，会不知道李薇薇的所作所为，别忘了伺机在一旁的王伟。如果李薇薇稍微表露一点对孙宪超的支持，那么从王伟的口中传出去的话可就不止这么多了。所以李薇薇只能在一旁盼着孙宪超能尽快的找到解决方法。

这就是摆在孙宪超面前的实际情况，在内忧外患的同时侵袭下，孙宪超手中的牌可谓是烂的不能再烂了，而且如果还是找不到解决方式的话，那么这幅“烂牌”将会带着孙宪超一起烂下去。

就在孙宪超焦头烂额之际，编辑部却招来了一个新人。不过大家不明白的是，编辑部此时并不缺人手，而且招聘的时节还没来到，不知道这个新人来了能干什么。而且这个新人真的很新，看样子刚刚大学毕业，这就更让大家摸不着头脑了，不过这个新来的女孩长得还算不错，她的到来至少可以为办公室里那些大龄单身男青年们带来点希望和动力。

这个新来的女孩叫邱婧，刚刚大学毕业。来到编辑部后就被李薇薇分到了B组，由王伟先带着。通过对这个女孩的几天观察，王伟得出结论：这个新来的可不是什么善茬儿，而且经济状况非常不错。这类员工王伟也见过，不是因为家庭条件太好，被娇生惯养坏了，就是长大后凭着几分姿色准备“横行霸道”。这类没有经济负担又刁蛮任性的员工在王伟的印象里一般干不太长，所以素有“新人杀手”之称的王伟决定给这个小姑娘上点猛料，好让她知难而退，也为自己省了麻烦。

就这样，在王伟的刻意安排下，邱婧开始了脑力与体力并重的工作。王伟有时给邱婧安排的任务，根本不可能在上班时间全部完成，不知实情的邱婧还以为是自己的能力不足，所以每天回家都要开夜车继续坐在电脑前完成稿件。但是最让邱婧接受不了的是自己忙了大半夜的成果拿到王伟那里，他基本连看都不看就劈头盖脸地冲邱婧一顿指责。而当邱婧有什么问题请教他时，他却直接推脱自己没有时间把邱婧交给别人处理。其中处理邱婧问题最多的就是刘宇飞，可能是因为之前经常被王伟打压，刘宇飞好不容易碰到一个比自己资历要浅很多的新人，当然不能放过装“老人”的机会。于是乎每次邱婧向刘宇飞请教问题时，刘宇飞都要装作一副很牛的样子，先是数落一番邱婧的知识浅薄，又自吹自擂十几分钟后，再利用一分钟的时间囫囵吞枣式的为邱婧讲解一下。他之所以这样做，一方面是想在新人面前装装样子，另一方他也有自己的小算盘，害怕邱婧学的太多会对自己造成威胁。虽然她现在只是一个小白，但是保不准什么时候就像孙宪超那样骑到了自己头上，所以不得不防。而邱婧那边每次都听得云里雾里，还以为是自己的理解能力有问题，所以也就没好意思问得太多。

而随着对编辑部工作的熟悉，邱婧越来越感觉到王伟对自己的态度有点不太对劲了。通过这段时间的观察，邱婧发现王伟交给自己的工作量有时比组内的正式编辑都多，要知道自己还是个试用期的小菜鸟呢，而且自己这么卖命干活，还经常遭到王伟的数落，这就不得不使邱婧认为王伟是在有意针对自己了。不过邱婧也不完全是个小白，对于管理这方面平常耳濡目染也很多，她知道这是包括刘宇飞在内的这些老员工在有意控制自己，毕竟新手阶段的蘑菇定律邱婧还是有所了解的。所以她决定勇敢坚定地面对挫折，熬过试用期就能作为组内的真正一份子和这些老前辈们打成一片了。

邱婧虽然是这么想的，但是她却不知道王伟压根就不想让她过试用期。感觉到邱婧越挫越勇的王伟继续为这个新人施加“重刑”，而对于邱婧在工作中的困难他倒成了甩手掌柜。邱婧在被他甩出去N次之后，发现其他人根本就没有为自己答疑解惑的意思，完全是在敷衍了事。特别是那个刘宇飞，每次自己低三下四地向他请教时，他总是摆出一副高高在上的嘴脸，然后胡侃滥吹，不知所云。最可气的是这小子居然对自己的美貌熟视无睹，有着几分姿色的邱婧非常看重自己的容貌，而每次在为了解决问题而讨好刘宇飞时，她总要略施一下美人计的，要知道这招在学校时可是百试不爽的。谁知到了刘宇飞这里却一次都没有成功过，这是让把自己的面子看得比僧面、佛面还重要的邱婧最不能接受的地方。

“有你们这么对待新人的吗？”邱婧终于在一次请教未果后忍无可忍了，冲着刘宇飞发了飙。而在一旁的王伟等的就是这个时候，于是走了过来故作毫不知情地向刘宇飞询问事情缘由。刘宇飞通过这段时间与王组长的磨合，他们俩之间也产生了相当高的默契度。所以在接下来的调解中，两个人一唱一合就把事情闹到了主管李薇薇那里，目的就是为了向李薇薇提议把手里的这张“烂牌”推给孙宪超，相信这个“麻烦精”要是去了A组一定会让孙宪超烂上加烂。李薇薇听到了王伟的提议后果断地答应了他。而随着邱婧的到来，孙宪超还收到了李薇薇的一条短信：“善待新人。”孙宪超看到手机中的四个字后开始琢磨：“为什么这么简单的交代主管不当面跟自己说，而是要用短信的方式暗中告诉自己，这中间一定有什么不能说的秘密。”所以收到短信后的孙宪超对李薇薇的这次看似平常的交代也就越加地重视了。总之，孙宪超认为按照主管的话办事是绝对不会吃亏的。

就在王伟站在一旁等着看邱婧怎样把孙宪超烦得两头大时，却发现事情并没有像自己预料的那样发展下去，孙宪超不但没有跟邱婧发生任何矛盾，而且两个人的关系看起来还越来越好了。这让一旁的刘宇飞心理也特别不平衡，其实要论相貌这个邱婧也真是没得说的，要不是响应组长“政策”再加上提防新人“篡位”，自己一定会接受邱婧的主动靠近的（他自己一直这么自作多情地认为），到时候岂不是像孙宪超现在这样羡煞旁人了吗。

孙宪超之所以能和邱婧关系处得这么好，大部分原因也是出自于李薇薇的那个四字短信。要不然A组的其他组员自己都管不过来，还哪有时间搭理一个刚来的小姑娘。不过孙宪超在与邱婧这段时间的接触中也得到了不少启发，在了解到邱婧之前在B组的情况和调组原因后，孙宪超首先想到的不是谁对谁错，而是从邱婧身上学到了强硬和反抗。邱婧在面对烂上司、烂前辈时，如果不选择反抗，那么就一直会在这种环境下工作下去，最后的结果最多像刘宇飞那样被王伟打压得越来越烂。参照邱婧敢于向上司反抗摆脱烂环境的勇气，自己是不是也有必要对自己的手下强硬一些，这样可能会更容易改变眼前的烂摊子。于是，在接下来的日子中孙宪超开始转变了自己管理风格，他不断地向这些组员们施压，一改往日的温软态度，他的一些举动都在向组员们传达这样一种信息："我已经不是原来的那个软蛋了，如果你们继续摆烂，那我就真的会压烂你们！"面对孙宪超的突然转变，一些立场不"坚定"的组员已经开始有所收敛，因为毕竟面子跟工作还是后者更重要些。

孙宪超一方面归拢组员的工作态度，另一方面还在继续地向邱婧传授工作知识跟技巧，而且交给邱婧的工作都是一些又轻松又适合新手锻炼的稿子，这让邱婧在短时间内感受到了组织对自己的关怀，也汲取到了组长对自己的栽培。在能力得到提高的同时，邱婧也一改往日大小姐的姿态，慢慢地有了集体感和责任感，平常工作时的认真劲再加上姣好的容貌，让邱婧在不知不觉中增添了几分成熟跟高雅的气质，这也让她的父母感到非常满意。

这天编辑部来了一位重量级人物——HW出版公司的老总——邱华文，编辑部主任聂常光以及主管李薇薇特意在门口迎接，三人见面后短短地寒暄了几句就径直走进了聂主任的办公室，公司老总的到来让所有员工既紧张又兴奋。特别是邱婧，当看到老总到来时，手里的鼠标差点被她扯了下来。

在聂主任的办公室内，邱华文坐在了聂常光的办公椅上，聂与李则恭敬地坐在对面的沙发上，三个人谈话的内容主要围绕着两方面展开：一个是聂常光手下的两个小组，以及公司新来的那个小姑娘——邱婧。

原来邱婧是HW公司老总的女儿，刚刚大学毕业，想在办理出国留学的这段时间里找份工作锻炼一下。由于怕自己的女儿在外面有什么危险，所以邱华文干脆将她安置在了自己的公司里，本意是不想让太多人知道，这件事也确实只有两个人知道，就是在座的主任和主管。不过通过女儿这段时间的表现来看，邱总怀疑是不是编辑工作分配不均或者管理上出了什么问题，要不然怎么自己的女儿在调组前后的工作量会相差这么大，调组之前每天忙工作要忙到下半夜，而调组之后虽然也是下半夜才休息，但却不是忙工作而是在玩游戏。至于女儿调组原因虽然自己怎么问她都不肯说，但是凭自己的经验，知道这其中肯定出了什么问题。所以今天特意过来一趟，借着女儿来向聂常光询问编辑部的工作情况。

聂主任听完老总的讯问后，在心里早已经把王伟骂得“狗血从头淋到脚了”，同时赶忙向邱总解释：“由于编辑部近期组织结构变革，自己现在主要负责外部工作，内部工作完全由李主管接手，所以我想李主管更有发言权。”

李薇薇无奈地接过了聂常光抛来的“发言权”，说道：“通过最近一段时间的观察，我感觉邱婧更适合在A组工作，因为目前的A组组长非常善于指导新人，所以我就擅自决定将她从B组调到了A组。”

邱总听到李薇薇的解释后，非常赞同她的观点：“你说得不错。邱婧自从去了A组之后确实跟以前不一样了，成熟了也懂事了，关键更有责任心了。你这么一说，我还真想见见这个小组长。”

李薇薇赶忙起身说道：“他叫孙宪超，现在就在外面，如果邱总想见他，现在就可以。”

说起自己女儿的成长，邱总也特别高兴，早就把询问工作的事情抛在了脑后。让李薇薇用话这么一领，只想尽快看看自己女儿的这位好老师，更是把来的目的忘得一干二净了。

走出主任办公室后，包括聂常光在内的三个人径直走到了孙宪超的座位旁。孙宪超看清来到自己面前的强力阵容后，赶忙起身向三位领导问好。邱总主动地跟孙宪超握了握手，并且非常欣赏地对他说道：“小伙子确实有两下子，好好干，以后有什么困难尽管说话。”

邱总的这些话和举动让孙宪超受宠若惊，杵在那里不知所措，只得一个劲地点头称“是”。而孙宪超周围的组员看到组长的后台从主管转到了老总后，心里都对孙宪超多了几分的敬畏，而且再深入地考虑，组长一定是做出了什么出色的业绩，要不老总怎么会这么看好他，所以在心里多了几分敬畏的同时又增添了几分信服。聂常光看到自己的手下受到了老总的赏识后也非常高兴，对孙宪超也是笑脸有加，之前撤换他的想法早就抛到了九霄云外。而在送走了老总之后，聂常光又立刻换了一副苦大仇深的表情，把王伟叫进了办公室……

章后“一”问：

为什么李薇薇知道邱婧的身份后，没有直接把她送到 A 组而是冒着被王伟抢功的风险送到了 B 组？

答：因为李薇薇对王伟足够了解，知道他会怎样对待新人，所以把邱婧安插在 B 组其实就是把麻烦丢给了王伟，这与王伟把邱婧踢给孙宪超想法如出一辙，只不过李薇薇更了解全局，而王伟却是在毫不知情地耍小聪明。

职场如战场，知己知彼，才能百战百胜。与别人竞争，不是非要明刀明抢的拼命，有时给对手制造一些麻烦，延缓他前进的脚步也就等于自己取得了领先。但是给对手制造麻烦之前你首先要知道丢人的麻烦是什么，所以这就是为什么我们要“知彼”了，而有些时候别人的麻烦却可以成为自己的优势，例如李薇薇将邱婧调到 A 组后，为孙宪超博得了转机，这也正是我们要“知己”的原因。

第四章

你见过默默无闻的人被升职吗？

职场“蜗居”第四条：如果你只会做，不会说，那就安分点。别奢求太多，因为那些永远不属于你。

很小的时候或许我们就受过了太多要我们懂得规矩的教育，那么在职场什么才是规矩？除了各单位的规章制度之外，我们是否需要循规蹈矩按部就班地在办公室默默无闻地奉献着我们的青春和智慧呢？

或许会有人说做人就要懂得安分，就要学会随遇而安，就要脚踏实地埋头苦干，但是职场就是竞技场。不是谁想安安稳稳地原地踏步就可以的，要知道你不招惹别人并不代表别人就不会招惹你。

可以说没有一家单位不存在钩心斗角，不存在明争暗斗，更没有一家公司绝对团结，绝对公平，而这些仅存的一些可贵的团结和公平也是需要靠努力争取的。

所以如果在职场你想通过默默无闻、任劳任怨的工作来赢得一席之地，那么你最终的结果只会被挤得没有落脚之地。

1. 会做事只能说明你是个能做事的人

曾经有人说过一句很经典的话，那就是:小公司做事，大公司做人。

一般而言，小公司成员比较单纯，除了老板就是员工，公司成员就好比是和尚头上的虱子，都是明摆着的。老板不会允许一个员工在公司吃闲饭，更不会养一个不能做事的人。

所以如果你就职于小公司，那么别耍花样，好好做事，努力出成绩才是你晋升加薪的唯一出路。要知道花拳绣腿在只认利润的老板眼中是没有意义的，你不想被辞退的话，只能真枪实弹地干活。

而在大公司，情况却截然不同，它不仅需要你会做事，还需要你能说会道。为什么？因为大公司人才济济，根本不缺会做事的人，同样也可以说会做事是一个人能够进入一家大公司的敲门砖，如果你连这块砖都没有，那么你就只能去小公司再历练几年。

所以在大公司能做事只能说明你是一个能做事的人，而想要在大公司有大的发展，那么光会做事是远远不够的，因为职场原本很纯净，就是因为人多了，职场才被搅浑了，所以大公司注定不是一个风平浪静的地方。

在大公司除了要会做事，更重要的是要会做人，因为大公司的人际关系一般都很复杂，公司的管理也是层层递进的，一不小心得罪了哪位上司或是领导，那么你的下场很可能就是“被和谐”，被人随便找一个理由给踢出去。

此外公司财大气粗，可以靠庞大的人力和财力支撑公司保持可持续发展，所以在大公司如果我们的工作做得不出色，那么只要我们的属下能做事，效果也是一样，所以，在大公司搞好人际关系才是我们自身可持续发展的关键所在。

2. 要会做人不是让你唯人是从

对于在职场就要会做人这个说法，或许很多人都深有体会，而且一直以来也都在身体力行。可是有些人却发现，即使自己百般讨好他人，尽量看别人脸色行事，但是结果对方却不把自己当回事。

这就是告诉我们，在职场不管做事还是做人都不是最终目的，相反这些不过是我们实现职业梦想的一种手段罢了，我们所做的这一切都是要为我们的梦想服务的，所以即使我们需要在职场处理好人际关系，但是这并不代表我们一定要唯人是从。

从本质上看，职场上的每个人都是平等的，只是大家的分工不同罢了，可是没有一个人在工作时会不带任何个人感情色彩地工作。任何人在工作中都难免会夹杂些个人色彩，因此人们之间才出现了等级不同，而在不同等级的人之中，能够为我们的工作提供便利的，我们就应该尽量与之处好关系，从而保证我们的工作能够出色高效地完成，而对我们帮助不大的人只要不得罪也就算了。

或许会有人说这么样做太过“唯利是图”了，可这就是职场，试问在职场上有哪一个人敢说自己不图名利呢？与单纯理想的道德相比，我们只能选择扛着道德的大旗做着现在的事情，只有这样我们才能不被现实作弄，才能改变现实。

所以，在职场要讨好别人也要因人而异，因事而异，不能毫无原则对什么人都敬上三分。如果这样的话，别人就会把我们当“软蛋”，认为我们胆小怕事谁都不敢惹，这样一来就会有更多人敢向我们无事挑衅了。

3. 有想法就要适当地表达出来

在职场上，上司从来都钟情于有野心的下属，对于这一点，或许打拼多年的老“江湖”们会深有体会。

不能否定在一些公司，有的员工为了给自己今后的发展打下坚实的基础，他们埋头做事，机灵做人，即使公司有激励政策也不敢积极迎合，生怕工作太出色会遭人嫉妒，所以他们总是不动声色，滴水不漏。

对于这种人，上司找不出他们的毛病，但是却不一定会喜欢他们，为什么？因为他们没有表现出作为员工应有的欲望和野心，而这种欲望和野心在上司看来是一种上进心，也是上司激励下属的突破口。如果你不给上司任何暗示，不让上司知道你的职业理想，那么上司就会错把你当成一个没有职业追求的人，所以你在他们心中也就成了不思进取的人。

因此，作为职场之上胸怀大志的人，有想法我们就应该适当地表现出来，这样一来上司才会认为你是一个有发展空间的人。相反如果你总是深藏不漏，总是表现得无欲无求，那么同事不仅不会感激你的不争，相反还会认为你是一种虚伪的人，因为在职场有很多很明显的欲望是人人都会有的，比如升职、加薪，试问谁不想？

如果大家都说想，而你不想，那你肯定有问题，同事们不仅不会相信你，而且还会怀疑你，所以对于一些人之常情的欲望和追求即使暴露出来也不会对你造成威胁，相反不表现出来反倒会使你面临危机。

4. 想法未必非要从自己嘴里说出来

如果你有留意就会发现，在职场上一帆风顺的人并非个个都是“爆冷门”，很多能够顺利晋升或是加薪的人大多都是众望所归，水到渠成。或许会有人问，职场竞争这么激烈，为什么会有人这么轻而易举地实现了目的呢？

事实上，这种轻而易举是经过了一番运作才实现的。要知道在职场只有发生了的事情才是理所当然，没有发生的事情只能算是遗憾。

如果海上有一艘船，那么这艘船很容易就会被人发现，相反如果你指着一片海告诉别人海里有一艘潜艇，就不会有人能够轻易发现潜艇的位置。

同理，在职场想要不被人明显地发现动机，那么暗箱操作的手段就很有必要了。但是“暗”并非意味着绝对的无光，绝对的人不知鬼不觉，相反，“暗”也可以是一种间接，借他人之手扫除障碍，借他人之口说出自己的想法……

所以说一个懂得在职场“蜗居”的人一定明白，“蜗居”并不是让人老实呆着，相反“蜗居”是一种策略，是一种混淆视听的方法，实现在办公室可持续发展才是“蜗居”的目的。所以“蜗居”并不代表不能有所行动，只是这种行动可以通过“借”的手段来实现。

但是借他人之手或借他人之口也要分情况，有些人人都知道的事情，从自己嘴里说出来并不会给自己招惹麻烦，相反有些可能威胁到别人利益的想法，我们就不妨可以借他人之口说出。

比如，你也想做主管，可是上司心中已经有了人选，这样你就可以借他人之口说出自己的想法。比如暗示一个爱嚼舌头的同事你也有能力做主管，这样他很快就会把你也有能力做主管的事实在整个公司传开，可是你却从来没有说过这样的话。

这样既可以让上司看到你足够谦虚，又可以安抚竞争对手对你的敌意，如此一来你能够达成目的的可能性就会变大。

5.“敌人”有时也能成为帮手

有人说，商场没有永远的敌人也没有永远的朋友。的确，在到处充满竞争的职场也是一样，任何一个同事对我们来讲都不是绝对的帮手或是敌手，但是只要我们能够随时以朋友的身份站在对方身边，那么即使是敌人，也能很快成为我们的朋友。

很多时候职场竞争在所难免，而且在职场之上没有永远的赢家，是人总有马失前蹄的时候，也总有人们意想不到的事情，所以有时面对难以匹敌的对手，“不战而降”未必不是一种明智的选择。

不过这种投降并不是因为我们害怕他们，相反我们也可以是在为我们下次将面临的对决寻找盟友。

比如你和 A 竞选主管，而 A 各方面的能力都比你强，如果公平竞争你根本不可能取胜，这时如果你转过来支持 A，那么 A 成功坐上主管的位置后就会觉得欠你一个人情。如果两年后 A 晋升到了更高的位置，那么主管的位置就会空缺，这时他首先想到的就是你，如果这时你又将和 B 竞选主管，那么和 B 相比你的支持率至少就多出了一票，而你胜算的机会就会增加。

由此看来，只要方法得当，“敌人”很容易就能变成朋友，而在职场有了朋友就等于有了成功的可能。但是我们也不能忘了，朋友只是暂时的，想要永远地拥有朋友，那么我们就要机灵迅速地找到合适的立场。

案　例

孙宪超在邱总鼓励下的成功上位，给编辑部内的明争暗斗画上了一个休止符，特别是对于 B 组组长王伟来说，看到孙宪超的位置已经巩固，李薇薇也在新的主管位置上顺风顺水，自己短时间内毫无见缝插针的机会，所以也就不得不决定进入“休养生息”阶段。不然一味地强攻容易惹得聂主任再痛骂自己一次不说，更重要的是容易将与李薇薇之间的争斗激发到台面上来，一旦到了不可收拾的程度，那么必然会彻底得罪自己的这位顶头上司，这样不但会让自己毫无向上发展的空间，搞不好还会被李薇薇反手干掉。

于是，王伟就将这段时间的工作重点从李薇薇与孙宪超身上重新挪到了自己组内的编辑任务和策划组的工作上。注意力一转移，反而把自己份内的工作干得有声有色，得到了两位上司李薇薇与聂常光的一致好评，现在B组的工作业绩已经明显超过了A组，这让王伟自己也非常满意。不过更让他满意的是与主管李薇薇矛盾的缓和，要知道得到自己“冤家”上司的诚心夸奖可并不容易，这不单归功于李薇薇的度量和公私分明，更要归功于王伟不但会做事还很会做人。

准备与李薇薇“休战”的王伟意识到，单靠自己单方面的休战意识以及做出来的优秀成绩是不能打动李薇薇的。要“休战”不要“冷战”，自己就要主动向李薇薇投诚，只有这样才能让李薇薇放下戒心，然后慢慢舒缓双方的关系。对于这一策略王伟也有着清醒的认识，他知道这不是真正的屈服，而是为了将来更好地发展，三国时期，孙权为了生存不也向曹丕纳过降书吗？相比于两国交战，自己向自己的上司低头示好并不是什么丢人的事。

做好充足思想准备的王伟也完全放开了，在平日里经常借机向李薇薇献媚，拍马屁，这让李薇薇一时难以适应，反而加强了戒心，提防他是不是又要耍什么花样。王伟看到这种程度的诚意并不能打动李薇薇，所以决定再加点料，在继续用甜言蜜语表达自己“诚意”的同时，对李薇薇的手下孙宪超的态度也突然来了个180度的大转弯，孙宪超见到平常视自己如冤家的王伟居然主动跟自己搭讪，还经常传授一些组长的管理经验，这使得孙宪超不知如何是好。赶紧找到李薇薇向她汇报并且商量对策，李薇薇知道后，虽说对王伟多了一点好感，但是对他的戒心却又重了许多，不知道王伟葫芦里卖的是什么药。李薇薇提醒孙宪超要小心王伟的一举一动，不要中了他的圈套。孙宪超按照李薇薇的吩咐刻意地跟王伟保持距离。王伟看到这招也不奏效，若想拉近与上司之间的关系也就唯有使出自己的“必杀技”了，在编辑部一向视选题如真金实银的王伟，被其组员一致称为选题里的“葛朗台”，王伟手里攥着大量有潜力的优秀选题，但是其他人想从他那拿过来一个选题做，那可是门都没有。王伟宁可将自己手里的选题压到过期发霉，也不会与任何人分享自己劳动成果的机会。但是为了和上司搞好关系，王伟这次可是豁出去了，他忍痛将自己手里一半的选题分给了李薇薇、孙宪超，并且在给他们选题的时候，还非常大方诚恳地表示自己手里选题太多，自己做不完，麻烦他们两个帮自己分担一些，不明白的人可能看了会以为这哪是王伟在向对方示好，这分明是求人家帮自己干活嘛。而李薇薇和孙宪超却知道,作为一个组长,手下组员那么多,只会怕自己手里选题不够多不够好,哪有担心自己选题太多做不完的呢，而当二人看到每个选题都有完整的申报表以及王伟亲手做的目录后知道了这些选题都是不容小觑的，别说B类、A类的稿子，就连A+类的稿子从这里面出现都不是没有可能的。至此，二人才明白过来，王伟是真心诚意的来向自己靠拢的。而回想起之前对王伟的种种猜疑，反而让李薇薇感到非常不好意思，所以才有了之后李薇薇对王伟的认可和好评，而且正是李薇薇在中间的调节，才使得聂常光对王伟“新人门”事件的不满有所下降。待聂主任的气消了之后，李薇薇还准备跟他提一下升王伟做副主管，这样可以依靠王伟出色的工作能力为自己分担一些压力，对于王伟对自己的威胁，李薇薇也放心了很多，毕竟利用与防范是可以同时实施的，而且就目前双方的和谐关系来说，争斗就更不应该作为主要考虑事项了。编辑部就这样在一片其乐融融中进入了和平时代。

就在大家准备全身心地投入到工作中时，一件事情的发生却又在编辑部内激起了不小的波澜，这次倒不是因为编辑部又有了新的内斗，而是源于公司的一条通知，让整个编辑部非常难得地站在了一条战线上，准备同仇敌忾一起对付外来竞争者。

经过公司高层的集体研究,决定将HW公司目前的策划部、编辑部、发行部整合成一个大事业部，这样不仅可以保持图书出版的一致性与连贯性，提高效率，而且还可以减少这三个部门之间不必要的摩擦，要知道老总们每年在解决三个部门之间的矛盾时所用的精力恐怕不亚于一个工作室每年的图书出版的工作量。

这其中包括策划部与编辑部的选题之争，编辑部与发行部的市场宣传及书款分配之争，大家不难发现，如果把编辑部单拿出来的话，其他两个部门反倒是没有什么摩擦。不过拿掉编辑部却又非常不现实，别说拿掉编辑部，就算拿掉编辑部主任都是不可能的，因为聂常光的工作能力有目共睹，就算他经常与其他两部门发生摩擦，但那也是为了公司利益着想，而有时大部分的矛盾还是不可避免的。

所以要按照老总邱华文的意思就是直接把聂常光提上来，这样把这个“刺头”拔出来，别管扔哪，反正少了这个“挑事”的，这三个部门也就能相安无事了。但是其他几位副总立刻提出了反对意见，这其中以主管财务的陆飞与主管人事的韩云龙的反对声音最大，这两位是最早跟着邱总打天下的元老，当年他们三人白手起家，当公司发展壮大后都分得了各自的股份，可以说这两个人在公司的影响力不亚于邱华文，而他们俩反对的主要原因有二：其一是公司在不断的发展壮大，谁也不敢说N年以后会不会身价翻倍变成一个大集团，而到那时谁都有可能坐上董事长这个位置，所以包括两人在内的公司大部分元老级高管都在未雨绸缪，在公司各个要职努力地安插自己的亲信。而这第二个原因正是亲信的问题，其实邱华文就是在把聂常光当成自己的心腹培养，这点公司上下谁都知道,要不然聂常光这么“凶相毕露”的在公司里大刀阔斧地办事，怎么就没有人敢站出来约束一下呢？而另外两个争夺公司权力的副总当然不会让这个掌控公司命脉的大经理落入他人手中，所以势必要奋力一争，其实他们俩也分别有自己的亲信，陆飞的亲信就是发行部的主任徐德志，二人的老家是一个地方的，所以地方观念促使二人站在了同一阵线上。韩云龙的亲信则是这次大事业部经理争夺战的第三方竞争者——韩玉，两人虽说是远亲，但是在茫茫职海生存，别管多淡的家族观念也能使双方走到同一阵营，可以说正是因为有了两位副总的支持，徐德志与韩玉才敢跟聂常光矛盾不断。

现在三方势力一亮出来，大家也就不难发现为什么陆、韩二人会强烈地反对聂常光直接升任大事业部经理一职了。他们是想把自己人推上经理的位置来为将来的竞争增添一枚筹码。而其他高管们的反对原因有的是因为与这两位副总是同一战线的，有的则是出于和陆飞与韩云龙一样的想法，就是不想让邱华文独揽大权，从而在未来的竞争中使得自己无力还击。还有一类人则是单纯的不喜欢聂常光。

邱华文听到反对意见这么多也就不好再坚持下去，决定择日开会让三个候选人同时到场，大家审核过后举手表决。会后三方幕后主管自然都找到了自己的手下进行战前突击，其他二人先放下不说，单说韩云龙与韩玉的突击准备。

韩云龙向韩玉分析道:“邱总与陆飞在公司的地位都比我高，所以你这次竞选姿态要放低，先别表露对这个经理有兴趣，让他们俩先斗得两败俱伤，然后咱们在半路杀出，这样胜算会大一些。”

开会那天韩玉按照韩云龙的战前嘱托，一个劲地拒绝参选大事业部经理一职，没想到邱华文把韩玉的话当了真，当场提议:“既然韩玉对经理一职没有兴趣，那大家就不要强人所难吧。”待韩云龙还要解释时，高层们的手却已经举过头顶，出乎他预料的是，仅凭几句话大部分高层就如此一致地同意了邱华文的提议，而且表决时这些同事们看自己的眼神居然充满敌意与鄙视。不过更让韩云龙诧异的是，在那些没举手的人中除了自己的盟友外，居然还有自己的竞争对手陆飞，这让韩云龙多少对陆飞有了些感激之情。不过不管怎么样，韩云龙与韩玉两人也还是由参与者变成了旁观者。但是有一个人却并不这么认为，他就是陆飞。

会议继续进行，聂常光与徐德志二人各自进行了一段演讲。而与聂常光展望未来的演讲内容不同的是，徐德志的演讲有点类似真情流露，又有点像回忆录。他在演讲中重点强调了与其他两个部门之前的合作，而其表露的意思则是与策划部的合作要好过编辑部，除了适当地拉拢一下策划部外，对于经理一职的强烈愿望，徐德志反而没有表现得太多。

韩云龙通过这番演讲，自然听出来陆飞是有意在拉拢自己，而徐德志刚才的那番话比起野心勃勃的聂常光来要让自己听了安心得多。所以韩云龙赶忙向韩玉使眼色，让他站出来为徐德志说话，而在旁边对徐德志的用意领会得八九不离十的韩玉立刻就明白了韩云龙的意思。所以在演讲完毕后主动站起来支持徐德志，这让在座的所有人都大跌眼镜，刚才还是竞争对手，怎么这么一会儿就自动变成同一战线的盟友了呢?

韩玉的举动让邱华文和聂常光意识到了危险，如果按照大家之前的步调走的话,在只有聂常光与徐德志参与的情况下,其结果势必会1比1,到那时邱华文再稍微利用自己手中的权力，就会使天平向聂常光这边倾斜。但是现在的情况发生改变，要知道韩玉即是参赛者，也是未来大事业部的一份子，所以他的意向绝对能控制大部分人的想法，现在的局面就相当于1比2，这时如果自己再利用权力让天平倾斜的话，那就太明显了，动作太大搞不好会引起众怒。就这样邱华文无奈地放弃了行使老总权力的想法，而结果也正如他所预料的，徐德志通过公司的三分之二票选当选大事业部经理。

章后“一”问：

为什么王伟在向李薇薇投诚时，不直接选择分出自己手中选题的方式，而要白费那么多周折？

答：做生意要讲究讨价还价，往往一口价的买卖成功率会很小，即使谈成，那么赚的利润也会非常小。买卖双方往往会提出一个非常高或者非常低的价码，然后相互试探着讲价，直到令双方都满意为止。这种试探性价码在双方心中都不是最终的成交价，但却是买卖双方不可不抛出来的问路石。

人际交往也是一样，在不知道对方承受底线的情况下，一味地用最高成本向对方示好的话，那么如果你碰到一个贪得无厌的，那你可就惨了，不但血本无归，还有可能要倾家荡产。如果你结交的是一个崇尚君子之交淡如水的对象，那么你的来势汹汹很可能会撑破人家肚皮，对方也会因为太“腻”而对你避而远之。

人际交往中有时最“贵”的不一定是最好的，当你不清楚对方承受底线时，就应该一步一步地进行试探，争取用最低成本、最合适的方式令对方满意。

第五章

别以为投机取巧没有人知道，只有你自己在掩耳盗铃

职场“蜗居”第五条：你以为自己很聪明是吧，多试两次，你就知道自己有多笨了。

别以为你周围的同事都不如你，在职场没有一个“傻子”，相反每个人心中都有自己的小算盘，都有自己的生存之道，所以别以为大家都沉默就说明大家什么都不知道，大家都没有想法。

老板不说话是因为他想看看你到底能过分到什么程度，同事们不说话是因为他们想看看你到底有多无知，你到底会怎么死。

不能否定在职场人人都想投机，都想回报大于付出，可是职场从来不缺少因为投机取巧而被拉下马的傻大胆,要知道天下没有不透风的墙。

或者你自以为自己很聪明，事实上在你投机取巧的同时，你不过是在掩耳盗铃罢了，有很多双眼睛正在盯着你，只是你不知道罢了。

1. 办公室是一个没有缺口的链条

监视器是一项很好的发明，它可以监视并录制下它所能检测到的范围内所发生的事情，但是办公室似乎根本就不要监视器，因为办公室原本就存在着更多功能更完备的监视器。

不能否认监视器虽好，但是它却有死角，有它监视不到的地方，而且它所能监视到的不过是人们做出的动作罢了，但是它却无法监视人的内心活动。

而像办公室这样功能更完备的“监视器”，可以说到处都是，那就是“人心”。《孙子兵法》上说：知己知彼，百战不殆。同样，在办公室，人们在做好自己的事情的同时，是不会忘了时刻“关心”着别人的。

而在得知了他人的秘密之后，一个人首先想到的不会是对方的秘密将给对方造成什么样的影响，相反却是对方这么做会对自己造成什么样的影响，因此在办公室里，个人最擅长的事情就是由人推己。

如果此事和自己有关，那么我们首先要做的事情就是告诉别人，此事与自己无关，从而达到掩饰自己的目的。如果此事和自己无关，那么我们要做的就是给对方做负面宣传，从而让对方在办公室无法翻身。

这样一来，人人都出于不同的目的相互传说着一件事，而这件事最终也会传到事情的执行者耳朵里，最终完成一个循环。

有人在这个循环中或许没有直接参与此事，但这并不代表这件事和这个人无关，所以说办公室就是一个没有缺口的链条，每个人都在这个链条之中。

2. 没有谁的秘密是绝对的秘密

作为办公室中时刻关注着别人同时也被人注视的一员，想要自己的所作所为不被人知，那么最好、最安全的做法就是把自己的秘密藏在心里。

秘密只有放在自己心里才是最安全的，才不会被人发现，但是光藏得住秘密不行，还要沉得住气，否则即使你不说，有些人也能察觉到你的真实意图，所以想要在办公室长期待下去，守住秘密的最好方法就是没有秘密，否则你的秘密早晚会被人知道。

或许在你运筹帷幄时，没有人明白你的真实目的，可是你想要有所得，就必须做出相应的动作，再或者你所做出的动作和你所想要达成的目标背道而驰，但是一旦你的目的达成，那么大家就会静下心来仔细地思考你之前的所作所为，你之前伪装得越好，那么在别人心中你就越可怕，大家也就会更加疏远你。所以，如果你有十足的把握能够一举达成目的，而且在你的目的达成之后，大家对你的防备不会对你造成威胁，那么你可以把自己的想法付诸行动。但是如果你不能，那么你最好先把自己的这种想法放在心底，不要总是让它不安分。

3. 不想被人识破谎言，就要给你的谎言披上诚实的外衣

有人说，只有当你说出十句，而这十句话都是真话的时候大家才

会信任你，而在此之后你偶尔说上一句假话大家可能也会相信你，为什么呢？

因为你给了大家一个诚实的思维定势，你已经让大家习惯了认定你是一个诚实的人，所以也就没有人会轻易怀疑你曾说过的话。即使有人会怀疑你说的话，但是他们也很难分清你说的哪句是真，哪句是假。所以在你想要说谎的时候不妨先给自己的谎言披上了一件诚实的外衣。

或许会有人说这是一种伪善，但是如果不伪善，那么我们的很多想要实现的目标很可能就得推迟、延期甚至可能实现不了。

现实是残酷的，竞争是无情的，如果败给别人我们就只能一直呆在同一个位置上不得翻身，所以在理想和现实之间，如果我们非要保持单纯、善良、诚实，那么我们所能得到的结果就是看着别人扶摇直上，风光无限，而自己却郁郁不得志。

4. 投机取巧只是职场的调味剂，不可多吃

如果我们放眼去看，就会发现很多善于投机、经常投机的商人远比脚踏实地做事的商人要富得早，富得多，于是人们就开始迷茫，立足社会到底应该脚踏实地还是更应该投机取巧？

事实上脚踏实地没什么不好，投机取巧也并非可耻，因为投机是一项智力游戏，而脚踏实地是一项体力游戏。如果你智高一筹，那么投机取巧或许是你致富的法宝，相反，如果你智力不及，那么你只能脚踏实地，否则你甚至可能连最基本的成绩都保证不了。

在商场之上，或许大家可以各显神通，就算不能一次致富，明天还有机会。可是在职场情况却大有不同，一次投机不成你就别想着下次还有机会。

因为职场是一个既要大家讲仁义道德，人人又都不愿讲仁义道德的地方。如果你公然在众人面前投机取巧，那么你糟蹋的首先就是你的名声，名声坏了再想在职场立足，只会步履维艰。

要知道在职场没有永远的朋友,任何两个人之间都可能会存在竞争，谁不希望自己的对手是个君子呢？谁不希望对方能够对自己仁慈一些，好多给自己一些下手的机会呢？可是一旦你露出了投机取巧的不正当竞争手段，那么谁还会希望你在职场继续待下去呢？

要知道，身在职场最重要的不是晋升加薪，而是立足，只有你首先在职场站稳脚，你才有继续发展的可能。如果周围到处都是随时要把你赶出单位的同事，那么在职场你还有什么前途可谈呢？

和商场不同，脚踏实地老老实实才是职场生存的白饭，而投机取巧不过是偶尔的调味剂，没有白饭难以活命，没有调味剂生活品质难以提高，但照样可以维持生命。

所以身在职场不要老是想着耍小聪明，投机取巧的事做一两次也就够了，否则做多了你的职场前途也就被你葬送了。

5. 偶尔投机也要确保小心谨慎

投机取巧是一种智力游戏。这种游戏不仅对智商要求较高，而且对技巧要求也不低，它首先需要你能够奇思妙想，其次还需要你出奇制胜。只有既想到了好方法又能高效地付诸行动，投机取巧的目的才能达到，否则就可能会偷鸡不成蚀把米。

不能否定，职场之上没有人不想少劳多得，更没有人会看着别人投机取巧而无动于衷，所以有些人脚踏实地并不代表他不想投机取巧，有些人任劳任怨并不代表他能容忍你“巧取豪夺”，因此在职场即使你有足够的智力去投机取巧，但是你也要格外小心。

因为投机是大家暗地里都想的，表面上都反对的。如果你的投机做得太明显，那你就可能是聪明反被聪明误了，因为太过明显的投机取巧无异于掩耳盗铃。

一旦你掩耳盗铃的事实被领导发现了，他虽然会在心里佩服你的聪明，但是他也不免会怀疑你的工作能力和工作态度，并因此而怀疑你的人品。对于这样的下属，做上司的一般都会用心防着。

这种“防”，一是防着你做事不要出问题，二是防着你今后不要对自己下“黑手”。事实上这种防更是一种压制，一旦上司对下属有了这种芥蒂，那么想让上司提拔你，只有一个字，那就是，难！

而一旦同事知道了你投机取巧的真相，一、他们首先会鄙视你，认为你只会投机取巧，做事远不如他们；二、他们会躲着你，生怕哪天你会陷害他们，或是窃取他们的劳动果实；三、他们会联合起来抵制你，认为你这样的人太聪明了，今后会是他们强劲的对手，最好在你羽翼未丰之前把你排挤出单位。

这虽然是一种吃不到葡萄就说葡萄酸的自欺欺人的做法，但是无论他们究竟怎么想，有一件事却是明确的，那就是你现在危险了，周围的人都已经把矛头指向了你，现在你唯一的生路可能就是退出。

所以，即使你有足够的智商上职场投机取巧，但是隐蔽和小心是第一要义。如果你不能保证你的投机只有你一人知道，那么你最好先按兵不动。

案　例

邱华文的女儿邱婧在办理好出国留学的手续后离开了编辑部，而邱婧的离开并没有让编辑部将她完全遗忘，相反最近一段时间里围绕着邱婧的话题越来越多，因为不知是谁知道了邱婧的身份并泄露了这个秘密，弄得现在整个编辑部都知道了邱婧原来就是公司老总的女儿。而随着这个秘密的公开，产生了很多不利于孙宪超的负面传闻，甚至有的传闻已经波及到了主管李薇薇。有人说孙宪超就是靠着对老总女儿溜须拍马才坐稳组长位置的，也有人说是李薇薇事先通知了孙宪超，所以孙宪超才能有所准备。而根据围绕在邱婧身份上的传闻，大家又开始联想到孙宪超和李薇薇的关系以及王伟之前的遭遇是不是也跟开始就知道实情的李薇薇有关。总之，刚刚在外面吃了败仗的编辑部，又因为一个传闻的不断生枝散叶开始了新一轮的内乱。

首先，这些传闻对三位当事人都产生了不同程度的影响，当李薇薇和孙宪超听到这些传闻时第一反应就是“若想人不知，除非己莫为”，别管这些传闻真实程度有多高，但起码说自己利用知情权做手脚却是真实存在的，在李、孙二人心虚的同时他们也不禁会想：到底是谁泄露了这个秘密？想来想去这个“嫌疑犯”自然落在了王伟身上。不过这次两人真的是冤枉了王伟。

王伟对这些传闻也是道听途说，刚开始也没把这些话当回事，毕竟自己下了“血本”才和主管的关系有所缓和，而且现在正是没有阻碍只管向上爬的大好时机，王伟自然不会因为这些传闻给自己找麻烦。但是随着这些秘密的不断公开，王伟也逐渐感觉到了对于之前发生的种种倒霉事件，李薇薇是脱不了干系的。不过想归想，气归气，现在的王伟可是拿李薇薇一点办法都没有，自己升任副主管的事儿还得指望她呢，而且仅凭这些空穴来风的传闻去质问李薇薇的话，那无疑会打草惊蛇，使自己的之前的努力全都打了水漂。所以在王伟看来，这些传闻即使是真的，为了以后的发展，那也只有认栽了。

不过，不考虑这些传闻的真假并不代表完全把这些东西当成耳边风，作为职场老手的王伟，现在考虑的是这些传闻会不会对自己有什么影响。仔细考虑过后，王伟一拍脑门说：“不好！现在李薇薇一定在猜这个传闻的出处，而放眼整个编辑部就属自己的嫌疑最大，给一个不知道是谁的小子当替罪羊，自己可真是窦娥敲门——冤到家了，而且自己努力营造的发展空间也会因为这个莫须有的罪名而毁于一旦，这不更是冤上加冤了吗？”

就在王伟绞尽脑汁地想要还自己清白的同时，李薇薇和孙宪超已经重新拾起了对王伟的戒心，而且与之前相比，对王伟的敌意不知翻了多少倍。因为令两人想不到的是王伟居然会这么阴险，表面上装好人，却在暗地里使坏嚼舌根，而且两人把所有传言的出现都归咎在王伟身上，所以这些传言无论真假，只要多出一条，两人对王伟的敌意就会加深一步。

现在的王伟可谓是有口难辩，不是没法辩而是根本没有机会让自己开口解释这事，这些本来就是不能拿到台面上说的事，而李薇薇现在也一定在想方设法地压住这些流言，最好能让它们自生自灭，所以这事也不可能从她的口中主动说出。如果自己在这时候找她，别说向人家解释清楚，就算流露出一点关于传闻方面的东西，那都会让李薇薇认为自己是在“此地无银三百两”。现在的王伟，说也是“死”，不说也是“死”，反正这个不知道从哪飞来的黑锅，王伟算是背定了，有时王伟甚至会想，这个传话的人是不是针对的就是自己。

王伟意识到既然自己现在有冤无处申，那么倒不如掉头揪出那个“陷害”自己的幕后黑手。不过说归说，要是这个损人不知道利不利己的小子真的这么容易抓到的话，自己也不用每天都提心吊胆地担心什么时候会被忍无可忍的李薇薇送上“断头台”。首先，王伟考虑的是这些传闻的目的，如果单单是一个两个传闻的话，那么也可能是某些无聊的人在甩八卦，一般这种传闻过了新鲜劲就会被人遗忘。不过现在的情况好像是一批一批的传闻在源源不断地向编辑部涌来，这就说明问题了，现在肯定是有人带有一定的目的要扰乱编辑部现有的秩序，而他的具体目的又是什么？是要打击李薇薇？还是要打击孙宪超？是损人还是利己？又或是在损失人的同时增加自己的利益？

如果单纯是为了损人的话，那么查找范围就太大了，不光是编辑部内的同事甚至是整个公司的人都有可能成为“嫌疑犯”，毕竟现在缺德的人太多了。若是利己的话，那么查找范围就要小很多，首先这个传闻的直接打击对象就是李薇薇和孙宪超，而间接打击对象自然是王伟本人，就算他真的是冲自己来的，那么他想要的也无非就是组长或者主管的职位，对方目的一确定下来，王伟的排查工作也就好做多了。

首先，从自己的B组开始，有机会接替组长的无非就三个人——霍延光、王金石、刘宇飞。孙宪超那组有机会当组长的也就是一两个人而且机会都不太大。至于李薇薇自己带的这组资深编辑，收入和地位比组长可是强多了，就算让人家当组长，人家可能都不愿意干。对于主管的位置，这些资深编辑能胜任的则是寥寥无几，所以放眼整个编辑部，能对主管位置产生威胁的也就属自己了，这也是为什么李薇薇会在第一时间怀疑到自己身上。

设定好目标后，王伟就对这些人重点盯梢，通过几天的观察，王伟看到了刘宇飞偷偷跟朋友咒骂自己的聊天内容，但却没有找到任何传闻出处的蛛丝马迹。就在王伟准备放弃时，事情却出现了转机。

这天，王伟上QQ时突然收到了一个陌生人消息，消息的内容大致就是李薇薇之前早知道了邱婧的身份，把她分给你时要故意为难你，而之后分给孙宪超，是李薇薇提前通知了他，所以才有了之后的事情。

王伟看到这些虽然有些气结，但是他知道现在的重点不是传闻的真假而是传闻的出处，所以他决定把这条搅得整个编辑部不得安宁（主要还是为他自己）的“臭鱼”钓出水面。于是王伟在回复中装得很惊讶，很气愤，很冲动，让对方感觉到如果李薇薇在自己身旁的话一定会被自己撕碎。但这时王伟话锋一转，问对方如何能让自己相信。QQ那边看自己仅用一句话就收效颇丰，有点急于求成。为了博得王伟的信任在QQ里向王伟表露了自己的身份，原来这个陌生人是邱婧的同学，所以对邱婧的身份了如指掌。可能发现自己说漏了嘴，于是紧接着告诉王伟自己不是这个公司的，之后就下线了。

王伟看到这个人下了线也就没再继续追问下去，因为通过这个人的几句话已经让王伟知道了很多。王伟相信了他是邱婧的同学，而对于这个人最后的遮掩之词，王伟不但没信反而更加坚定了他就是公司员工的想法。

得到这些信息的王伟对整个编辑部的人员学历彻查了一番，发现并没有邱婧的同学。他感觉越来越蹊跷了，难道这个人确实不在公司？或者根本不是什么老板女儿的同学？又或者这个人是在其他部门？如果真是这样的话，那么这件事可就有点大了，因为这个人的目标很可能不只是主管或者组长，而且牵扯到的双方也可能不止几个人这么简单。如果真是这样的话，那么凭王伟这个小小的组长是很难搞定的，于是王伟决定去找自己的上司。

如果拿着这个人的聊天记录给自己的主管看，那么极有可能会让李薇薇误会自己是来兴师问罪的，而且就李薇薇对自己现在的怀疑程度来看，单凭目前手里掌握的这些东西是很难取得她的信任的。于是，王伟决定直接去找聂常光，争取在事情闹大之前揪出这个“外鬼”。而在计划这些的同时，王伟又打起了自己的小算盘。

来到聂常光的办公室向聂常光汇报了情况后，王伟首先表态，声称对这些传言不屑一顾，说既然主管已经知道，那么主任也会知道，别说李主管不是那种人，就算真的有这方面意思，主任也不会袖手旁观的，所以这些传闻简直就是不攻自破，不值一提。不过自己相信不代表整个编辑部相信，而且现在传闻一波一波的越来越玄乎，真不知道之后还会传出些什么不利于编辑部的谣言呢。

聂常光从王伟那里了解完情况后，首先觉得李薇薇做得有点过分了，王伟之前的错误，李薇薇也是脱不了干系的，所以他也为自己管理上的疏忽、冲动感到有点对不住王伟，而且王伟刚才那番话明显是在给自己台阶下，在感激王伟的同时聂常光不禁在想：“这么有大局观、机敏的下属，自己当初怎么就没有重用呢。”

不过想归想，聂常光还是把注意力放在了传闻这件事上，他之前对这些也有所耳闻。不过一方面由于忙工作没时间考虑这些东西，另一方面传闻毕竟是传闻，聂常光原本也没拿这些东西当回事，但是当王伟把事实放在他眼前，而且可能关系到部门与部门的摩擦时，他就开始对这件事高度重视，于是他决定去找邱华文直接汇报这件事。这样可以利用邱总权力的覆盖面对整个公司进行彻查之后，还可以利用他的权力对这个部门采取行动。当然，对于传闻的内容，聂常光还是要做一些必要的掩饰的。

当邱总听说这件事后非常气愤，这倒不是因为传闻中的李薇薇与小组长们钩心斗角的事，而是因为这个人利用自己女儿的档案达成某种不可告人的秘密，而且针对的还是自己的亲信部门，这不也就是在针对自己吗？当聂常光提出是不是应该对整个公司人员的资料进行筛查时，邱华文却直截了当地说：“不用找了，我知道这小子是谁，他在策划部，立刻把他找出来，对他电脑内的聊天记录进行搜查！”正如邱华文所料，这个散布传闻的人确实就是这个策划部内的一名员工。而邱总之所以认定这个人就在策划部，其实是因为邱婧在出国之前不经意地随口一提。

在提取这名员工电脑内的聊天记录后大家才得知，这个人确实是邱婧的同学，他叫刘全。在公司与邱婧的一次偶然碰面后，他就非常机敏地感觉到这是一条对自己有价值的消息，所以就立刻把老总偷偷将自己的女儿安排到编辑部的事告诉了策划部主任徐德志。起初徐德志并没有把这个当回事，反而还责怪他乱嚼舌根。刘全也没想到自己原本想用这些情报获得上司好感，结果却碰了一鼻子灰。

但是刘全通过多方打探，编辑部内的几个领导好像因为邱婧这个人闹出了矛盾，他就再一次主动找到徐德志汇报了情况。这次徐德志听完后，由于之前对这些事也有所耳闻，所以他也感觉到这些消息会为自己创造点什么。于是两人就一方面继续侦查，一方面在一起分析怎样利用这些消息。结果终于让两人得知，邱婧来编辑部的这件事只有邱总、聂主任、李主管三个人知道，而经过分析后，自然也就知道了编辑部领导之间的猫腻了。

徐德志将整理好的这些情报交到了陆飞的手里，也引起陆飞对这件事的极度重视，他认为这次可能是一次打击聂常光的机会。徐德志坐上大事业部经理的位子后，聂常光对他的威胁并没有完全消除，主要原因就是在邱总支持下的聂常光工作能力太出色了。通过他的积极对外运作，不但让公司赚了钱，还让公司出了名。现在如果将手上的情报散发出去，那么极有可能激起编辑部的内乱，这样势必会为聂常光增加负担，他也就没什么精力再对自己经理的位子发起进攻了。而且在分散他注意力的同时，还可以对他的领导形象产生破坏。如果这件事情闹大，让整个公司都知道，那么聂常光的领导能力势必会遭到质疑。到了那时，聂常光就算想当经理，也没有多少人信得过他了。

陆飞在把如意算盘打得噼啪作响的同时，仿佛看到了邱华文失去左膀右臂时的窘态，不由得喜上眉梢，把徐德志大加赞赏了一番。不过在夸奖的同时，陆飞也非常严肃地提醒他，这件事要求稳、求隐蔽，万万不能急于求成，露出马脚。

得到了上司赏识的徐德志回到策划部就把这次提供情报的功臣刘全提到了副组长，这对于刚刚毕业的刘全来说是一次平步青云。这样让刘全自以为是地意识到，写几十万字的稿子原来不如几句话好使。于是，继续妄想着一步登天的刘全不顾徐德志的嘱咐，主动找到王伟，准备再立一次“奇功”。而结果正如大家之前所看到的，被王伟抓住马脚的刘全彻底地暴露了身份，最后被理所当然地炒了鱿鱼。

邱华文在得知了事情的来龙去脉后异常气愤，他感觉单单炒了小小的刘全并不能了结自己的心头之恨，所以，他决定要把徐德志也一起炒了。如果可以的话他还准备报复一下真正的幕后黑手——陆飞。聂常光听说这件事后，为了避免将事情闹大，在百般劝说下，终于让邱华文改变了主意，决定大事化小小事化了，只炒了刘全一人。

回到自己的办公室后，聂常光不由得考虑起了自己的这几个手下，要不是李薇薇徇私舞弊，就不会有这些事发生，而这次也多亏了王伟识大体，没有为自己添乱。所以他决定升王伟为副主管，这样不但可以安抚受了委屈的王伟，还可以使这两个人相互限制、相互监督，不再给自己找麻烦。

对于王伟的升迁，李薇薇倒是没有太多怀疑。因为这次还真多亏了王伟才避免了更多麻烦缠身，而且之前自己冤枉了王伟，这就更让李薇薇心存感激的同时，还抱有一些愧疚感。所以对于王伟的升任副主管，李薇薇不但没有任何异议，而且还举双手赞成。只不过，她没弄明白一件事——这次的升职是王伟“锄奸”有功，还是又一次的精心策划？

章后“一”问：

为什么邱华文要除掉聂常光的对手徐德志时，他却极力反对？

释疑：如果徐德志甚至陆飞一旦被处罚，那么这件事情势必会被闹大。而当全公司都知道这件事情的来龙去脉后，就会在原有的传闻上增加无数多的传闻。要知道舆论的压力可是会杀死人的，而这样做的另一个后果就是会让聂常光编辑部的“内斗”丑闻公开，俗话说“家丑不可外扬”，更何况扬了之后会让聂常光的形象跟着大打折扣。

所以，干掉徐德志表面上看是对聂常光有好处，但是实际上却是两败俱伤。在徐德志被消灭的同时，聂常光的下场也会如了陆飞之前的愿望。

职场中，在干掉对手之前，光要想想他“死”掉之后会对自己产生什么样的影响，职场是一个环环相扣的关系网，有时牵一发而动全身。所以别只顾着眼前利益，大局观才是你生存发展的成功之道。

第六章

如果你认为自己很牛×，那你就在办公室为所欲为吧

职场“蜗居”第六条：如果你总认为自己很牛×，那你就为所欲为吧。总有一天你会明白，为所欲为并不代表你无所不能，而是预示你将被收拾的前奏曲。

职场不是一个人的舞台，办公室里也不是只有你一个主角，任何一个职场上的人都可以成为主角，而且都可能成为主角，所以如果你认为在单位只有你一个人了不起，那么你就大错特错了。

单位是一个团体，它需要所有员工相互配合工作，所以不要以为你做的事最关键，你就是最重要的人。如果没有其他同事的积极配合，你也只会一个巴掌拍不响。

所以，在职场永远不要居功自傲，更不能抢功，而应该把一部分功劳分给上司或是同事。只有这样，上司才能视你为干将，同事才会视你为哥们朋友。

否则，如果你动辄因功自喜，为所欲为，自恃功高，那么上司不仅会不满你的傲气，就连同事们都会对你有所微词，以至于你的骄傲自大最终所能带给你的只有职场“猝死”。

1. 永远牢记“枪打出头鸟”

无论在任何单位总是要有做具体事的人，因为做好事情是一个单位存在的根本。如果在做事方面大家都相互推脱，那么这个单位离解散恐怕不远了，所以处身一个单位就要为之兢兢业业。

但是这里的兢兢业业主要是指在自己负责的工作范围内兢兢业业，而不是没有限度没有边界的兢兢业业。不要以为在做好自己工作的同时热心地去帮别人做事，别人会感激你，相反，这只是你的一相情愿罢了。

被帮的人不会单纯地认为你是好心好意，相反他们会认为你这是在向他们展示你的能力；你这是在告诉别人，你比他们强，你能做的事情比他们多；你是在告诉领导们，你是员工当中能力超群的人，不仅能够做好自己的工作，还能做好别人的工作。

这样一来，被帮助的人不仅不会感谢你，还可能会记恨你，所以即使你能做事，也尽量只做自己的事。即使你想帮助别人，也要在别人向你求救的关键时刻再出手相助，这样一来即使对方会感谢你，但他们还是会防着你。

所以，身在职场我们永远都要记得枪打出头鸟，我们最好呆在自己的工作范围内，管好自己的一亩三分地，否则善意的出头相助得到的就不一定是善意的回报。

2. 不要认为上司对你的表扬只有一层含义

如果机缘巧合你在单位做出了一点成绩，这时大家都在看着你，当然上司也会对你青眼有加，一再表扬，这时或许有些人就会开始飘飘然了，然而事实上，你正在步入危险的境地。

不要以为上司的表扬只是单纯的表扬，在上司表扬你的背后还有很多潜台词，只是很多人只听到了表扬而听不到表扬之外的内容。

上司一再表扬很有可能是因为四个原因：一、告诉其他员工应该向他学习，努力工作。二、暗示你需要再接再厉，以后要做得更好。三、有些担忧这么优秀的员工以后会取代自己的位置，所以好好表扬他，让他成为众人嫉妒的对象，从而对之进行掣肘。四、激起员工间的相互竞争，提高整个团队的工作效率，从而做出成绩，为自己的晋升、加薪铺路。

从上述的分析看来，上司对你的表扬不一定就是因为你，更可能是因为对你的表扬可能给他的发展造成的影响，所以在这其中，你不过是上司手中的一颗棋子罢了。

所以在被上司表扬之后，你首先要做的不是偷着乐，而是要清楚，上司是要牺牲你这颗棋子，还是要用你这个棋子为他做前锋。

如果是前者那你就更要学着夹着尾巴做人了，如果是后者，那么你需要做的就是尽量增大自己的可利用价值，否则一颗没有价值的棋子早晚会被上司舍弃。

3. 也不要认为上司对别人的批评与你无关

不能否认在单位每个人都有做错事的时候，都有被上司批评的时候，不管这个被批评的人是你还是他人，你都不要单纯地认为这只是上司和被批者的事。

在此之前我们还需要明白一件事，上司对下属的批评不一定就是坏事，而且上司批评谁也不一定就能说明上司最讨厌谁，最想排挤谁。

相反，很多时候上司最喜欢批评的那个人却很有可能是上司最器重、最信任的人，所以即使被上司批评也不要和上司分道扬镳，更不用记恨上司，而应该始终如一地对上司忠诚。

但是这种情况只是个别，更多的时候上司批评一个下属，大多都是因为他们做错了事情，而在这时我们所要做的不仅仅是旁听，还要做到由人推己。

永远要相信办公室没有那么单纯的事情，哪怕只是上司偶尔对下属的一两句批评，其中也可能包含着各种内涵。

上司要批评一个下属，首先要看这件事是秘密的还是公开的。如果是秘密的，那就说明上司对这个人还是很爱护的，很信任的，他之所以不公开批评下属是在有意替下属保全颜面，同时也是在有意卖给下属一个人情，从而也是在向下属传递一个信息，那就是要把他培养成自己的亲信，希望他能够成为自己手下的得力干将。

如果是公开的，这就说明这名下属和上司的关系要么是亲信要么是疏离，而非一般的不带个人恩怨的上下级关系。而这种批评也可能包含着多重含义：一、上司可能是在杀一儆百，惩戒大家不要犯同样的错误。在这种情况下，你首先要做的就是对照审视一下自己是否也有可能犯这样的错，如果可能赶紧把这种可能扼杀。二、上司在批评一个下属的时候也有可能是在看其他人的反应，看看谁会对那个倒霉蛋报以同情，谁会落井下石，从而摸清下属中的小团体。三、通过“杀一”看看大家是否对他这个上司决定尊重，如果谁漠视，那就说明他可能不服上司。

但是无论上司出于什么目的批评一个人，我们都不能幸灾乐祸，更不能事不关己高高挂起，而要更加小心谨慎，不要让上司看到他不愿看到的效果。

4. 如果你认为自己很牛 X，那你就危险了

职场很多人被上司表扬后就开始欣欣然，也有人被上司批评后不服气，认为自己很牛，上司早该表扬自己，或是根本没有资格管束自己，更不应该在自己面前指手画脚，如果你也有这种想法，那你就危险了。

通过上述分析我们不难看出，上司不会无缘无故去表扬一个人，更不会无缘无故去批评一个人，而且上司也不会目的单纯地去做某件事，这就需要我们做下属的更加机灵一些。

首先，做出了成绩也要懂得把功劳归于上司，要多谢上司的栽培。如果不这么做，上司就会认为你忽略了他对你的指导，更看中自己的努力，进而猜测你可能会不认同他这个领导，甚至会认为你觉得自己更牛，更应该做领导，这样一来领导就会用职权便利对你进行打压，尽量把你堵在众人身后。

其次，还要懂得把功劳归于同事，否则你有功独居，这样一来就会让同事们认为你和他们已经不是同一级别的人了，你可能会是某个肥职的候补，从而在精神上孤立你，而且同事们遇到难以处理的问题时就会让你来做，故意刁难你，让你知道，你还是平民，和他们一样不是领导，你想当领导还早着呢。

再次，上司在批评他人时如果你幸灾乐祸，那么不仅被批评的同事会和你反目，其他同事也会认为你喜欢落井下石，就连上司都会认为你骄傲自大喜欢拿别人的痛苦开玩笑。这样一来你很有可能会成为上司和同事们共同讨厌的对象。

所以，在职场无论你取得多大的成绩，永远都要记得戒骄戒躁，永远不要以牛人自居；也不论别人受到了什么样的批评都不要幸灾乐祸，而要报以同情和理解。否则你失掉的不仅是上司的信赖和同事的友谊，还有美好的职场前景。

5. 上帝在毁掉一个人之前，首先会使之疯狂

说了这么多，如果你坚持认为你很牛，你有资格、有能力在职场傲视一切，那么我只能告诉你一句话：上帝在毁掉一个人之前，首先会使之疯狂。

树大招风的道理相信没有人不知道，可是却没有多少人引以为戒，因为每个人都抵制不住高高在上的那种优越感的诱惑，人人都想尽快脱离忍气吞声的境地，人人都想自我、个性地表现自己，所以人人在成绩面前都不禁会飘飘然。

中国历史上历朝历代功高震主的大臣们的遭遇一次又一次地向我们印证了一个道理：一个人的成绩越大，那么他的处境也就越危险，他就越需要谦虚谨慎。事实上在职场上的生存道理也是一样。

所以，如果你仍然认为自己很牛是一种竞争力的话，那么你就在办公室里为所欲为吧，结果会让你刻骨铭心地记住：不是你的吼叫声很大就会有人怕，就会有人为你让道的。

首先，一个太过为所欲为的人最容易遭上司压制。他们虽然会怜惜你的才华，也想要提拔你，但是也不得不为自己的前途考虑，所以他们即使觉得你应该升职，也会把你按在自己手下替自己做事，为他们的工作提供便利。从这方面来讲，你的牛反倒成了你晋升的障碍。

其次，同事们最看不惯张扬的人，因此张扬的人很容易会成为第一个被众人排挤出局的人。所以如果你张扬，那么同事们就会把你当成第一个要扫除的目标，处处暗算你、为难你、挤对你，以至于最后你甚至自己都想辞职算了。

由此看来，张扬、自以为是并不能加速你职场晋升的速度，反而会在无形当中给你招来各种各样的障碍和阻力，所以如果上司表扬你很有魄力，你最好还是收敛一些比较明智。

案 例

王伟当上编辑部副主管后，直接提拔王金石为B组组长，这次的组长之所以会这么轻易地选出，很大程度上取决于李薇薇的主动让步。李薇薇在与王伟的关系越来越融洽的同时，也逐渐地放下了对王伟的戒心，所以在王伟提拔自己人担任组长时，李薇薇非但没有任何反对，反而还对这个提议全力支持。这种结果正是王伟在制定计划时想要得到的，所以王伟对自己这段时间的退让和付出也是深感欣慰。

当上副主管后的王伟可谓是干劲十足，现在的他仿佛又找回了还是菜鸟时的那种冲击力。这是因为现在的王伟又有了自己的目标，但这次的目标并不是从前的转正、副组长那类的小儿科，而是李薇薇的主管位置。在慢慢地蚕食了编辑部的内部权力后，当上了副主管的王伟并没有停止前进的脚步，反而在野心极度膨胀的催促下，感觉主管位置已经触手可及，所以王伟又制定了第二套升职方案。这次王伟决定首先要在业务上与人际关系上架空李薇薇，然后伺机联合他人对李薇薇进行突然袭击，就算没有找到帮手，起码那时候自己实权在握，与李薇薇硬碰硬的话也绝对不吃亏。

王伟在刚上任的这段时间里，按照之前制定的计划开始向主管之位碎步挺进。感觉到即将达成自己重大目标的人往往会激发出很强的奋斗精神与务实的干劲，但也会更容易地成为“一根筋”。王伟在向着自己的目标奋斗时，认为要想取得更多人的好感并且在业绩上超过李薇薇，那么全力帮助编辑部将是一石二鸟的最佳方案。所以带有目的性的王伟对编辑部的编辑们的态度突然来了个180度大转弯，特别是对与李薇薇共同负责的这一组资深编辑的照顾更是无微不至，因为他知道这些人才是架空李薇薇的关键。面对着这些资深编辑，王伟时刻报以夏天骄阳似火般的热情。在这些编辑有困难时，他自然是全力以赴，就算这些人没有困难或者没必要找人帮忙时，王伟的身影也总是及时地出现在不需要他出现的地方。在接受了王伟的帮助后，这些编辑们无论是主动还是被动的也总要带着微笑说一句谢谢，而这些东西对于王伟来说就已经足够了，因为这可以使他主观地意识到自己已经博得了这些人的好感。

对于王伟积极的工作态度和突发性的乐于助人的精神，李薇薇好像完全没有意识到这其中的猫腻，不但没有提高警惕，反而还将更多的表现机会派发给了王伟，而自己则当起了真真正正的“甩手掌柜”。只有在该由她决策的时候才站出来说话，其余的事情都交由王伟处理，这自然是乐坏了王伟。自己在李薇薇眼皮子底下的活动居然没有被发觉，而且还彻底地麻痹了她的防范意识。等自己实力壮大时，可能都不用上明刀明抢地干，李薇薇就会被自己一点点地挤下主管宝座。

王伟看到自己的进攻目标竟然这么麻痹大意，这使他感觉到自己的目标就在眼前，所以他加快了出手速度，对自己的这些有利用价值的手下更是有求必应，无求也要应。骄阳似火的热情确实能给人带来温暖，但过度的“曝晒”会更容易灼伤他人。王伟在用过分的热情感化或者说是“融化”他人时，却没有想到自己的一相情愿不光难让对方产生感激之情，还会让他们产生厌烦情绪，而且有时对一个人的厌恶感会比好感来得更容易。

在王伟一味地讨好这些编辑时，绝大多数人却并不吃他这套，特别是那些资深编辑，王伟的做法让他们感觉他是在炫耀或者是排挤自己。

“自己的变焦能力难道真的比不上他吗，干嘛非要让他帮忙。”

“他算老几，主管一把手都不说话，哪还有他说话的份。”

“每天吆五喝六的，他真以为自己行了啊，主管咱可能没实力当。但是跟他争一下副主管的机会我还是有的，凭什么要他来指挥我。”

“这小子平常心眼就不太好，这回突然对咱们大献殷勤，他一定又准备玩什么花样，咱得离他远点，免得到时候被他‘玩死’都不知道是怎么‘死’的。”

类似这种对王伟不利的声讨逐渐地在编辑中传开，现在对他的责骂声已经完全地盖过了之前对他的感激声。而就在王伟毫无察觉地继续用自己的“殷勤”换取别人“厌恶”的同时，新上任的大事业部经理徐德志已经准备对编辑部或者说是对聂常光下手了。虽说这个新合并而成的大事业部目前只有三位领导，但是在每次开会时还是会产生很多插曲。

最近的一段时间里，大事业部的每次例行会议都会让发行部主任韩玉感觉特别不爽，原因就是自己完全被徐德志忽视了，而且还会时不时地打压自己一下。虽说这些打压不是直接冲自己来的，但是整个会议就有三个人参加，作为领导就盯准一个人表扬，这样做无非就是在无形中对另一个人的责难，更可气的是现在在自己面前作威作福的这个领导之所以能成为领导还得多亏了自己当初的抬举，这可真应了那句老话“兔死狗烹，鸟尽弓藏”啊。

在韩玉埋怨着徐德志忘恩负义的同时，也不由得对聂常光由嫉生恨，“大家平起平坐，凭什么你聂常光就能得到别人赞扬，我就得一直干着出力不讨好的事。”这句话从韩玉的脑袋里蹦出来之后，却并没有被简单地当做一句发泄随手抛到脑后。韩玉突然发现自己的一句抱怨居然就是问题的关键——“是啊，他聂常光凭什么就能一直受到上司的赏识？如果说徐德志靠的是地方观念，自己靠的是关系找到的靠山，那么聂常光靠的是什么呢？而且他的靠山还是公司的老大邱华文。”韩玉想到这里又继续地向下深入，他感觉大家都是长了一个脑袋一张嘴的人，能力和智商方面自然是半斤八两，要是说差也就只有差在机遇上了。而这个机遇大部分是从工作中创造的。“对了！就是差在这里。”韩玉终于想到了这个问题的答案，大家之所以会高低不等，唯一的差距就是——工作。

如果说大事业部是HW出版公司的核心部门，那么作为大事业部中的一个业务部门——编辑部就是整个公司核心中的核心。编辑部之于HW就相当于地核之于地球，可见质量之高是不容小觑的，在所有人都盯着编辑部这块肥肉时，聂常光的一举一动也就自然而然地得到了大家的广泛关注，做了一件好事则会满城皆知，无限扩大。而一旦出现失误时，公司里那些早就有心想拉拢龙头部门的高官们也绝对不会放过这个向聂常光示好的机会，一定会用自己的权力将这些纰漏大事化小，小事化了。

韩玉考虑到了这些后，接着想的是能不能有什么方法赶超聂常光，让自己的发行部成为HW的核心部门，不过韩玉紧接着就否定了自己的这个想法，虽说自己的发行部也是蛮重要的一个部门，不过由于工作性质的不同，想要赶超编辑部，那除非能让整个公司放弃手中这么多优质和有潜力的编辑或者是干脆放弃自主创作这一块，不过要知道公司这几年的发展可离不开公司内部的创作团队，所以说编辑部一天不灭，韩玉就要永远被聂常光踩在脚下。而要让公司放弃编辑部的话，那无疑是自砍手臂，所以照这个态势来看的话，韩玉将会永无出头之日。

不过凡事无绝对，韩玉还是非常善于变通的，他想："既然编辑部这么重要，又这么抢风头，那干脆在自己的发行部也创建个编辑组算了，就算不能完全替代编辑部，至少也能从聂常光那分得一杯羹。"而至于这个计划的可行性，韩玉还是非常有信心的，因为聂常光之前不也眼馋人家策划部的功劳，在自己的编辑部偷偷摸摸地弄了一个策划组吗，这些事大家心照不宣，徐德志那边不但没反对，反而还一个劲地夸他业绩好。既然作为手下的敢在上司头上动土，那也由不得他韩玉效仿一下了，如果有人阻拦，也得是聂常光的策划组，而如果就这么让自己蒙混过关了，以后开会的时候得到上司表扬的可就不仅仅是他聂常光一个人了。

就这样，韩玉在自己的发行部也创立了一个编辑组，准备跟聂常光抢风头。不过这事过了没几天，在一次大事业部的三人会议上聂常光与韩玉两个人的"编外组"同时被经理徐德志撤销，理由就是二人在公司内部开创了一个不好的开端，如果每个人效仿二位的话，那么以后公司在管理上势必要造成很多麻烦。而讲这些话时，徐德志则装出了一脸无奈而又惋惜的表情，把在座的另外两个人忽悠得云里来雾里去。面对这么成熟的借口，他俩是一点反驳的机会都没有。孰不知今天这个会议其实是徐德志早就设计好的圈套。

当还是策划部主任的徐德志得知聂常光在自己的部门内又建立个策划组时就非常气愤，但是摄于聂常光背后的强大靠山，一时又拿他没有办法，只得装作不知情，免得让人笑话自己无能。但是当上经理后的徐德志可就不一样了，不管聂常光背后的实力多么庞大，自己也是他的上司，而作为上司自然有管制下属的权力。而这些权力恰恰就是聂常光背后的那个靠山赋予的，所以利用权力打压聂常光这个策略即合情又合理，不会给自己带来什么报复性打击。

当然，以徐德志的水平考虑到这里就已经不错了，剩下的圈套则是在他的靠山陆飞的指导下设计的。而徐德志在接受指导时，记住的最有价值的一句话的前半句就是："有时候夸一个人并不代表你对他有多么好……"至于后半句则是之后的一次饭局中被印证的，而在这中间还发生了一个不大不小的插曲。

在反应过来被人设计了之后的聂常光非常气愤，但是事已至此，自己也没什么话可说，要怪只能怪这个徐德志太孙子，自己又只顾忙工作没有留意到这些钩心斗角的伎俩。其实有一个人比徐德志还要生气，这个人就是邱华文，得知自己的手下被人摆了一道后，在责怪聂常光太傻太天真的同时也自然而然地会联想到这次阴谋的幕后黑手——陆飞。通过最近一段时间的观察，邱华文感觉得到陆飞已经逐渐地脱离了自己的控制范围，而且经常会对自己显露一些具有威胁性的征兆，而这些征兆或者行动的实施者则是他的“左右手”——徐德志。所以感觉到自己在时刻受到威胁并且极度气愤的邱华文再一次产生了要“灭”了陆飞的想法，而要“灭”陆飞，自然是要先砍了他的“左右手”——徐德志。

对于邱华文的这次决定，聂常光并没有像上次一样加以阻拦。一是因为现在的聂常光也很气愤，二是因为没想到一心一意忙事业的自己居然也会成为别人砧板上的鱼肉，正应了那句话“人不犯我，我不犯人；人若犯我，我必犯人”。所以从自卫角度出发的聂常光选择了先除之而后快的攻击型打法。

徐德志毕竟是徐德志，再怎么练也练不出来像陆飞等职场人精们的沉稳劲和涵养。在一击得手让聂常光吃了败仗之后，徐德志就开始在大事业部内作威作福，耀武扬威。而这些正是邱华文与聂常光最想看到的景象。他们俩就是等着徐德志在极度张狂的同时更轻易地犯下错误。而这些错误无论是多还是少，是小还是大，只要稍微比迟到早退严重一点，那么邱华文就能利用一把手的权力将他干掉。

这个机会很快就来到了邱华文与聂常光的面前，不过并不是他们两人抓过来的，而是有人把徐德志的错误送到了这二位面前，这个人就是韩玉。在得知徐德志把自己当炮使了之后，韩玉异常气愤，而且平时徐德志那种小人得志的嘴脸也让韩玉特别厌恶，因为韩玉一直认为徐德志之所以能有今天，完全归功于自己的临时退让和在关键时刻的支持，不然以徐德志的水平和靠山怎么能撼动邱华文与聂常光的强力组合。而当上了经理的徐德志不但不知道感恩图报还把自己当成了炮灰，这显然是韩玉无法容忍的。终于在一次偶然的机会中，徐德志被韩玉得知了他在利用公司的名号在外面接私活，大家想必都知道，一旦这件事被上报给公司的管理层，徐德志会是个什么样的下场。所以韩玉不敢大意，直接把这件事上报给了韩云龙，韩云龙在得到确凿的证据后并没有立即举报，而是把这份报告退还给了韩玉，让他自己看着办。

对于韩云龙的这一举动，韩玉非常失望，他自然明白韩云龙的用意，打压竞争对手的机会就在眼前，他怎么会这么轻易地放过。不由得在心里琢磨："是不是自己这次又得让人当炮灰用啊。"想到这里，韩玉并没有顺着韩云龙的思路往下走，而是将报告拿到碎纸机前准备销毁。

韩云龙看到韩玉的这个举动，当然明白了他在担心什么，所以笑着安慰道："小玉啊，你放心，大家都是亲戚，我怎么会眼看着你去送死呢，你考虑事情要想得全面一些，我之所以让你去打头阵，完全是为了顾全大局，咱们解决了徐德志就意味着直接向陆飞宣战，不过以我现在的能力，最多也就是跟他打个平手，但是当我们两败俱伤后，在一旁观战的邱华文势必会坐享渔翁之利，这时谁能来保我们？而你就不一样了，即使你有什么纰漏，只要有我在，我也能保你全身而退，这就是处理这件事的大局观，而且这件事也不用你亲自去办，你只要把这个报告交到聂常光手里，到时候坐山观虎斗的那个人就成了我们了。"

听到韩云龙的解释，韩玉也感觉到自己确实有点以小人之心度君子之腹了，于是尴尬地笑称："我还以为您是要采取保守战术了，看来我只是猜出了一半。"说完后就赶忙转身向聂常光的编辑部走去。而随着韩玉的离去，韩云龙紧接着打通了陆飞办公室的电话。

聂常光在得到了这份报告后异常兴奋，在核实了证据后就把这份报告交给了公司老总邱华文，邱华文在拿到报告后也非常高兴，因为他们可没有韩云龙的顾虑，作为公司老大最怕徐德志不犯错误，没有机会下手将其除掉。这回可好，这个徐德志在公司耀武扬威，偷懒耍滑也就算了，居然猖狂到要开小灶，真是应了那句话"上帝要你灭亡，必先要你猖狂"。掌握了徐德志的重大把柄后，邱华文决定明天一早就开会，全体将他"拿下"。

在第二天的会议上邱华文与聂常光显得意气风发，与其形成鲜明对比的则是焦躁不安的陆飞和没精打采的徐德志。会议开始后，还没等邱华文提起徐德志，陆飞就主动举报了徐德志的不轨行为。并且以一个领导、前辈兼老乡的身份将徐德志骂了个狗血淋头，按照当时的情景估计，就是两人座位离着太远，要不然陆飞真能跳上桌子海扁一顿徐德志。

这个突然的变故着实让邱华文大吃一惊。自己本来是要砍了陆飞的"手"，结果陆飞主动地把自己的"手"伸了出来，这反而让邱华文不知如何"下刀"了。为了会议室的秩序，不得不站起来劝已经临近疯狂的陆飞消消气，在劝陆飞的同时，自然而然地也会为徐德志说上几句好话。当邱华文意识过来的时候已经晚了，原本要将徐德志开除的计划也就不得不重新定夺了，因为作为公司老大的他，既然能劝别人不要难为一个小同志的同时，自己还怎么好意思提出开除他的想法。所以会议最后的结果就是，撤销徐德志大事业部经理一职，在没选出接替者之前，各部门各负其责，其实说白了就是徐德志一下台，大事业部整合计划宣告流产，大家都想吃，又都不想让别人吃。为了避免横生枝节，那就干脆谁都别吃。

对于这个结果，双方的靠山显然都不会满意，而对于两个下属聂常光与徐德志来说却非常满意，徐德志虽然被撤了职，但是与丢掉饭碗相比，孰轻孰重还是一目了然，这也让他彻底体会到了陆飞之前跟他说的那句话的后半段："有时骂你的人并不一定是要置你于死地的人。"

至于聂常光的满意，则来自徐德志的下台，没有人再来束缚自己的发展了。他回到编辑部的第一件事就是重新组建策划组，而在与主管李薇薇讨论这个策划组该由谁接管时，聂常光提到了王伟，在征询李薇薇意见时，李薇薇没说同意也没说不同意，而是向聂常光汇报了王伟在担任副主管之后的工作情况，那就是我们新任的王副主管正在忙于搞好编辑部内的人际关系，因此好像很多人对王伟的意见都很大。

聂常光听完李薇薇的汇报后，回想了一下之前有很多编辑向自己反映王伟的不当行为，所以脱口而出："策划组还是由你来管吧，王伟刚刚升到一个新的高度，需要时间适应。"

章后"一"问：

为什么韩云龙已经打算除掉徐德志还给陆飞打电话，在电话中他们都说了些什么？

释疑：首先我们可以通过陆飞在会议上的一系列举动推算出他已经提前知道了自己接下来要面对的是什么，而只有一天的时间，知道内幕的人又只有这么几个，所以很显然韩云龙在电话里提前通知了徐德志犯错的消息。

至于为什么要打这个电话，可以说韩云龙做了双份打算。第一，这份报告是从韩云龙的办公室出去的，无论事情怎样发展，韩云龙势必脱不了干系，所以他要通过这次通话将自己脱离开来，全身而退的韩云龙不仅能更好地观察战局，还可以避免陆飞的报复性打击。第二，既然韩云龙已经摆明了架势准备看热闹，那么就得让邱、陆二人斗起来，而陆飞在不知情的情况下自然只有挨打的份，所以韩云龙通过这次电话要让陆飞有备而来，让他们两个有来有往，才能使其两败俱伤。而韩云龙这边才能享受到渔翁之利。其实大事业部的流产是对他最有利的，因为韩玉获选的机会几乎为零，所以让两个夺冠热门主动放弃，其实就是自己最大的胜利，这与中国男足战平巴西其实是一个道理。

第七章

出风头很抓人眼球，当别人找靶子的时候也会首先想到你

职场“蜗居”第七条：出风头很抓眼球，同时也很抓箭头。一旦你做了出头鸟，那么你就要做好承受被子弹穿透的准备（如果你没有防弹衣，就不要做出头鸟）。

不能否认，在人人都求自保、人人都低调潜伏的办公室，偶尔出现一个胆大的也的确很抢眼、很拉风。所以想要在办公室一朝成名天下知，最好的办法就莫过于出风头。

出风头的确很爽，很有效，很能一炮走红，但是风头过后，也会带来一系列的不良反应，有人自己不敢出风头并不代表他能忍受别人出风头，有人也想出风头只是没你这么直接，有人正想出风头结果却被你抢了头彩……

所以在你风头过后，在你风光了一回之后，这些人就会不安分起来。因为职场就是有些人自己不敢争高职、争高薪，但一旦他们看到身边的人往上爬，那么就一定会伸一把手，他们这样做绝不是要推你一把，相反却是要拖你后腿，自己不升职也见不得别人升职，这是本性使然。

所以如果你敢出风头，那么你首先就要做好应对风头过后可能出现的被掣肘的状况，因为同级之间，虽然他们凭一己之力扳不倒你，但至少可以让你没好日子过。

1. 总站在别人身后谁能看到你？

因为人多竞争大，所以职场之上同一级别的同事，虽然表面看上去一团和气，可在私下里都免不了彼此较劲，谁都见不得谁爬到自己头上去，因此一旦他们看到同事之间有人不安分，就会拿出十分严谨的工作态度来防微杜渐，争取把某些同事想要出头的野心扼杀在摇篮之中。

正因为想要出头首先就要面对阻力和掣肘，所以在职场上很多人都选择了老老实实做人，踏踏实实做事，中规中矩不敢越雷池一步。

但是，我们首先还要明确一下，水往低处流人往高处走。如果仅仅是因为存在阻力，我们就一味地选择躲在众人身后不敢探出头来，那么我们什么时候才能实现自己的职场目标呢？如果不敢在领导们面前展现出我们的水平，谁会发现我们的潜力呢？如果一直这么默默无闻下去，难道不是在浪费生命和青春吗？

所以，想要实现我们的职场目标，我们就要敢于得罪一些人，就要敢于抬起头，敢于走上前来。只有这样我们才能一级一级地往上升，才能成为一波又一波同事的上司，否则我们只能被自己的小心谨慎和胆小怕事所埋没。

即使如此，我们也要首先明确，敢于出头并不代表在任何人面前都敢于出头，而要有个原则，在上司和领导面前不能强出头。

要知道，上司或是领导或许没有直接把你开除的权力，但是在老板面前毕竟他们比你更有发言权，比你更有资格和老板讲话。要知道坏话或许不一定能够直接杀死人，但是却能间接地杀人。老板或许不会直接采纳他们的建议，但至少会被他们的建议所影响。

所以要出头一定不能在比自己职位高的人面前出头，除非得到对方的许可，否则，我们只能老老实实地呆着。

2. 想要做回出头鸟，就要先穿好防弹衣

既然决定抢风头，那我们就要想好抢到风头之后该如何才能实现全身而退，否则抢风头的后果就是：在抢到风头的同时也中了别人的箭头。

所以想要做回出头鸟，我们首先就要先找好“保护伞”和“防弹衣”。有了防护我们才能做到有备无患、有恃无恐，而这层防护肯定要找领导，有了领导的袒护我们才能做到师出有名，才能公然地从同事们当中走出来，成为他们当中的佼佼者。

但是，在找领导保护的同时我们也要明白一个道理，请神容易送神难。既然找了某领导做保护伞、做靠山，那么我们就得小心地“供着”他们。否则一旦我们的存在危及到他们的利益，那么他们立马就会从“保护伞”的角色变成“绞肉机”，直接让我们卷铺盖走人，或者直接打入冷宫，从此无人问津。

而我们能够对领导造成威胁的因素又在哪里呢？很显然是因为我们和他们走得太近，既然我们是他们的下属，一旦我们能力拔尖，在老板眼中成为红人，那么我们接下来很可能成为他们的直接下属或是同级，这样一来我们就可能直接威胁到他们的升迁。

所以，要找准靠山，也要和靠山之间保持距离，要找级别差距较大的领导。这差距越大，距离越远我们就越安全，对方保护我们的意识也就越强。不过他们对我们的这种保护并非只是为了我们，也是为他们自己扶植得力干将，用我们的工作增加他们的业绩，加大他们在老板心目中的筹码。

但是一旦我们和他们的距离太近，那么他们就会感觉到危险。鉴于此，他们就会想方设法地压制我们，把我们控制在他们的权力范围内，而不能成为和他们平起平坐的人。

3. 抢风头也能是自上而下的被动出头

鉴于此，想要靠保护伞做防护来达到我们抢风头的目的，那么风头出过之后，我们就要懂得见好就收，知足常乐，站在离靠山足够远的地方。只有这样他们才会心安，我们才会安全，下次再找他们保护才能更容易。

一旦我们在某位领导心目中留下了高能力的印象之后，那么接下来的日子一旦他们遇到了难办的事，或是难以完成的工作，他们首先想到的就会是我们。这样一来，我们想不出头都难，而且这种出头也可以说是名正言顺的，因为我们毕竟是被动的出头。

但是这种抢风头的方式可能存在两种风险：一、假如自上而下交代的工作我们同样没有能力完成，那么这就成了领导本来想让我们露脸，结果我们把屁股露了出来。如果是这样，那么我们就别想再得到这位领导的垂青了。所以通过自上而下施压的方式抢风头，我们首先就要练就一身高能力。

二、一旦某个高职领导点名要你去负责某项工作，首先脸色最没光的就是你的顶头上司。最让他想不明白的就是领导为什么选你而不选他，这样一来他就会心生嫉妒。虽然他不敢顶风作案，置领导们对你的信任于不顾，但是之后他可以收拾你的机会多了。所以自上而下地抢风头我们就要首先讨好上司，消除上司对我们的忧虑。只有这样我们才能甩开膀子做事，把事做好，不给领导和上司丢脸。

4. 常在河边走总是会湿鞋

俗话说得好：“常在河边走，哪能不湿鞋。”所以说偶尔抢次风头也就罢了，不能总是抢风头，不给别人留机会，如果你真的这么立功心切，那么你不给别人留机会，别人也就不会给你留机会。

作为同级同事，有上司罩着你，他们不能明跟你对着干，但是办公室有个不成文的现象，那就是没有遇到强敌时或许大家都在钩心斗角，但是一旦有人脱颖而出，那么他很快就会成为众人嫉妒的对象，而此时众人也会不约而同地团结起来共同对付那位出头鸟。

这样一来，抢风头就变成了“捅马蜂窝”，出头鸟一下子就成了众人攻击的对象。或许此时上司或是领导可以替你说好话，可以替你摆平这就件事，可是领导毕竟是领导，是与我们有一定距离的人，即使他们有意罩着我们，但从某种意义上讲，他们也不过是远亲，而同事则是低头不见抬头见的近邻，所以不能小看了和同事之间的矛盾，更不能无视他们的存在。

要知道众口铄金，一旦和众人成为对头，那么我们就几乎没有胜算的把握了。首先如果你继续是他们的同事，那么他们就会时时处处集体孤立你，让你在单位形影相吊，孤单“而亡”。其次如果你有机会成为他们的上司，那么他们也会对你进行软抵抗，不反对也不服从，你说你的，他们自己做自己的，这样一来公司的任务完不成，老板首先责怪的不是他们，而是他们的顶头上司——你。

5. 在关键时刻挺身而出，在平常时刻“蜗居”起来

头不能经常出，可是又想快速晋升，常常晋升，这在一些人看来几乎是不可能同时完成的事情，但是二者却是可以同时存在。

那就是，在平常时刻“蜗居”起来，在关键时刻挺身而出。

在平时“蜗居”就是说在无关紧要的小事上吃点亏，让别人得意出风头也是无关紧要的。因为这些都不重要，都不过是一时之快，并不能给出风头的人带来实质性的好处，所以这种风头即便让给别人出也无关紧要。

在平时“蜗居”就会给大家错觉，觉得我们与世无争，谦虚豁达，一旦留给了同事们这样一个印象，那么他们在平时就不会把我们看做危险人物，进而会对我们放松警惕，这样一来我们就能抽出更多的时间来运筹帷幄了。

但是我们毕竟不能一直“蜗居”，更不能把“蜗居”当成目的，只能把它当成一种掩护自己的策略，在“蜗居”的掩护下尽量避免矛盾和阻力，实现我们的职场目标才是我们最终的目的。

所以，“蜗居”可以蜗一时，但不能蜗一世，在关键时刻我们还是要挺身而出的，因为在关键时刻努把力远比在平常时刻努力更重要。因此在领导们下达艰巨任务时，在同事们都不愿接受任务时，正是我们大展身手的好机会。

此时，或许会有人嘲笑我们不自量力，或许会有人以看笑话的态度来观望我们的努力，但是只要我们敢于挺身而出，这就首先给领导们发出了一个信息，那就是我们或许能力不足，但至少我们勇气可嘉，敢于临危受命。假如我们有能力高效地完成任务，那么我们不升职，还有谁有资格升职呢？

在这种情况下，即使我们升职以后之前的同事们会不服气，但是他们也没什么可说的。毕竟之前大家的机会都是平等的，但是他们却没有争取，要怪他们只能怪自己。

案 例

编辑部两个主管之间的关系又有了恶化趋势，其中的原因主要在于王伟。王伟自从当上了副主管后就处处争风头，经常抢手下编辑的活不说，有时甚至敢向自己的上司——正主管李薇薇越权。在抢了李薇薇的功劳后，得到聂常光的赏识时，竟然会厚颜无耻地把这些本不该轮到他的赞赏声照单全收。他的这种流氓似的抢劫行为让编辑部里的人都感到愤愤不平，而李薇薇虽然也从中觉察出了什么，但作为编辑部里的二把手，毕竟具备符合身份的领导风度和对手下的包容度，所以在这些小事上李薇薇也是睁一只眼，闭一只眼。

作为李薇薇亲信的孙宪超看到自己的靠山被人一点点“蚕食”，非常着急，于是就去找李薇薇提醒她应该注意一下王伟的小动作。而李薇薇则半开玩笑半认真地说：“自己的手下积极一点难道不是好事吗？你该学学他那股积极劲。”孙宪超听了后似有所悟，同时又有点尴尬地点了点头。

这天，聂常光回到编辑部叫策划组全体成员开会，要知道整天在外面忙着联系重量级稿件的聂主任可是好长时间没有打理过编辑部内的工作了。特别是有了副主管以后，更是一门心思地盯住了外部稿件来源。大家这次突然接到开会通知，不由得开始猜测这次会议目的是什么，而“选组长”就是被大家议论最多的一个话题，重新组建后的策划组虽然规模照之前要扩大了许多，但是负责人一直是李薇薇，主管兼组长的这种头衔显然不是很合理，而且平常策划组开会都是李薇薇组织的选题会议，这次聂主任突然“来访”显然不是一时心血来潮，所以大家对这次会议也是在猜测中拭目以待。

其实大家只猜对了一半，这次开会确实与提任组长有关，但是，在这之前聂常光还要留给大家一项更重要更艰巨的任务，而这次任务完成的成功与否不仅是组长选拔的重要参考项，还会对整个编辑部乃至整个公司带来重大影响。所以聂常光也不惜在百忙之中放下手头工作，参与到编辑部的策划工作中来。

这次的任务源于一个文学论坛，一名网络作家在该论坛上发表了一篇长篇连载小说，引起了不小的轰动，受到了众多文学爱好者的追捧，同时也让HW公司注意到了这位作者的潜力和这篇作品的价值，所以决定与之合作，并且将这次合作视为HW公司全年工作的重中之重。因为网络优势不容小觑，HW公司针对网络这一块也是酝酿许久，这次终于找到了合适的作品、合适的机会，所以对于出师大捷、一炮而红迅速占领网络市场是势在必得。

现在的问题就是怎样才能让这次合作趋向完美，怎样才能让这部作品得到广泛关注并创造销量奇迹。单靠常规方式显然不能在激烈的竞争中脱颖而出，要想让作品畅销除了要有高质量的内容外还需要运作，而怎样运作就是HW公司留给策划们的一项重要任务，可以说这次运作的成功与否对公司未来发展影响很大，所以公司高管们对此非常重视，运作方案一经采纳，不但会有高额奖金还会带领公司分配的专属团队直接负责这次合作。可以说公司把升官发财的机会留给了大家，接下来到底能不能出风头就要靠自己了。如果没人能够抓住这次机会，那么公司也只能斥资请外部专业策划公司了，毕竟与他们相比，公司内部的策划们对于商业运作还非常业余。

这次的任务落在了编辑部、发行部与策划部身上，由于这三个部门的核心地位以及背后支持着他们的“三巨头”对于这种出风头的机会自然是责无旁贷。编辑部内的策划们接到这个任务纷纷摩拳擦掌时，策划部与发行部已经开始行动了。

徐德志由于上次的“重挫”，始终在等一个机会重新证明自己，现在这个机会终于来了，可以说现在的他比任何人都渴望抓住这次出风头的机会。现在摆在他面前的有两个问题，一个是想出好的方案，另一个则是竞争太过激烈。看到自己手下忙碌的工作状态，徐德志感觉他们随时都能做出优秀方案，而让自己的手下超过自己，这是他绝对不能接受的。既然自己的下属变成了自己的竞争对手，那么干脆就用手中的权力先将眼前的这些竞争对手打压下去。于是徐德志为自己的这些梦想一步登天的下属们下派N重的工作量，而这些下属们也不是傻子，当然知道徐主任这是在故意拖延自己，不过他们也只有敢怒不敢言的份，毕竟办公室的老大是他而不是自己。

徐德志亲手"消灭"了这些竞争者后感觉自己胜利的几率又大了一些，于是接着着手准备自己的策划方案，不过这次的策划内容与自己的选题策划大相径庭，如果拿二者作比较，自己之前的策划工作只能算上小巫见大巫，徐德志感觉自己遇到了麻烦，需要找人协助一起解决，不过放眼整个办公室所有员工都被自己刚刚下派的任务缠住了手脚，出风头的时候自己独占，遇到困难了就找别人，这种事傻子才会帮你，而徐德志对自己手下的智商还是非常了解的，所以他压根也没想开口，只得自己回到办公室闭门造车，一连数天毫无进展，陆飞那边在一次次的催促后也逐渐地对他失去了耐心。

发行部那边大部分都是跑市场的，对策划这东西根本就是门外汉。要不是韩云龙的努力争取，邱华文根本就不想把这次机会分给他们，但是强扭的瓜不甜，不知是能力不行还是经验不够，虽然韩玉的市场调查报告写得非常详细，但是在具体到制订方案时总是找不到门路，看到韩玉的窝囊样，韩云龙感觉到自己之前的努力争取全都白费，俗话说得好啊，"不怕神一样的对手，就怕猪一样的队友"。回想韩玉过去的种种表现，韩云龙在向他多次指导未果后，也不禁大骂："我要不是看在亲戚的份儿上早一脚把你踹开了！"挨了骂的韩玉立刻有了种要被放逐的危机感，不过他也能理解韩云龙的心情，"他这是恨铁不成钢，人家为自己争取到了出人头地的机会，自己却没有把握好。如果在这样持续下去的话，等到韩云龙真的对自己大失所望时，那么这次抢风头的机会很可能就会变成自己的"断头台"。所以纵使方案依然毫无进展，但是韩玉还是和徐德志一样在缓慢前行，只不过他们俩一个是为了独占鳌头自断手臂，另一个是机会来了却不知道怎么抢。

在其他两个部门领导为了方案的事抓破头皮时，编辑部那边却在聂常光的带领下按部就班地进行着。当然最活跃的还要属王伟和许久没有机会表现自己的刘宇飞。王伟认为这次的方案制订的成功与否完全要靠实力，所以他直接把组内能力相对较高的刘宇飞抽调出来和自己一起制订方案。而李薇薇那边自然而然地选择了孙宪超与自己搭档。

王伟和刘宇飞虽然在为人处世上都有各自的缺陷，但是单论工作能力还真是没的说。短短几天时间，王、刘二人的计划方案提交了一个又一个，虽然还没有达到最终要求，但可以说离成功是越来越近了。反观李薇薇与孙宪超二人，他们俩的工作进展就像他们的为人一样不声不响，但经常会一鸣惊人。

这次的王伟可真的是玩起了纯技术活，什么客套、遮掩一概不讲，就像公司对于这次网络进军的态度一样，王伟对于这套方案也是志在必得。虽然编辑部里的每个人都有这种意图，但是当他们看到王伟在那毫不避讳地大抢风头时，这些策划们不约而同地都将矛头指向了王伟，就连跟他混的刘宇飞都受到了牵连。每次在开策划会议时他们二人的题案都会遭到其他编辑的“群殴”，好的会被大家集体说成坏的，而坏的则会被大家贬得一文不值。面对这种情况，王伟和刘宇飞也没办法，毕竟舆论的压力是强大的。之后他们俩再想出好的提案则直接上交到聂常光手中，没想到他们俩的“逃跑路线”又被这些策划发现了，原本王伟明着抢风头就够让人受不了了，没想到现在他开始变本加厉地向上级“暗送秋波”，这种暗箱操作的行为使这些竞争者们对他又多了一份敌意。刚开始联手对付王伟大家是心照不宣，而这次大家则是不约而同的仿照王伟的做法，一起向聂主任的办公室扔提案，聂常光最近已经被约稿加策划的双重压力弄得“里焦外嫩”，又突然来了这么多有用没用的提案，因此立刻火就大了，把王伟叫过来猛训了一顿，怪他开了个“好头”，顺带着把策划组负责人李薇薇教训了一番。

对于这次集体倒王事件，李薇薇一点都没参与，不过发现目前局势有点脱离自己的掌控范围了，于是就叫来这些编辑，告诉他们现在要紧的是策划不是内耗，以后提案还是要按规定在策划会议上一致通过后才能上交。这些策划虽然对王伟不满，但是对李薇薇还是非常信服的，李薇薇提醒过后也就真的没人再为难王伟了。

没有了阻力后的王伟在刘宇飞的配合下又恢复了之前的工作状态，继续在策划组充当领头羊的角色。而李薇薇与孙宪超那边还是在不声不响不紧不慢地制订着策划方案，只不过李薇薇会经常把刘宇飞叫过来帮帮自己，刚开始王伟还有些高兴，认为这是孙宪超不堪重用，才把刘宇飞叫去“救火”。但是随着刘宇飞过去的次数不断增多，与李薇薇相处得越来越好，王伟开始不安起来，他倒不是怕李薇薇抢了他的手下，毕竟李薇薇是领导，就算叫王伟去帮他，也是合情合理的。王伟怕的是刘宇飞虽然能力高，但是性格跟自己差不多，都爱抢风头。如果刘宇飞在李薇薇那套着点什么情报，结合两家之所长制订出个成功方案或者受到李薇薇的赏识，那么不光在目前的策划上对自己是个威胁，以后还有可能赶上甚至超过自己。所以，在这之后王伟有意地让刘宇飞远离李薇薇并且不再给他太多参与策划的机会了。将刘宇飞冷冻后，王伟的工作速度明显慢了下来。而孙宪超经过连续的“蜗居”后终于制订出了一个成功计划，但是他并没有将这份提案据为己有，而是在提交之前找到了李薇薇，请她将自己的提案修改一下，之后在递交人那一栏里首先写了李薇薇的名字，然后才是孙宪超。

孙宪超的做法让李薇薇很感动，二话没说第二天在策划会议上就把这份提案抛了出来，大家看到这份计划书的内容时都是眼前一亮，不住地点头。原来孙宪超的这份提案好就好在了营销手段上，这段时间大家的策划内容都是围绕着怎样把书卖出去，然后再让书出名。这就免不了落于俗套，很难拔得头筹。而孙宪超在计划书里提出要先让书出名，然后再卖出去。具体方案就是先找一位有分量的文学名家与这个网络作者在论坛上产生矛盾，然后造成两派对立，成功造势之后自然会引来更多的网友前来围观，这样就会让这篇作品火上加火，之后为这个作者制作个人主页，将作品转移到他的主页上，之后继续造势。这样不但会脱离论坛的约束而且在自己的网页内公司也会更有主动权。之后把这篇小说炒到热得不能再热时，直接出片发书，一定会受到广大读者的全力追捧，不光看书的会买，就连赶时髦的也一定会收藏一本。

这套方案一经推出，得到了整个公司高层们的认同，这就意味着李薇薇与孙宪超为编辑部立了大功，而聂常光也为邱华文在整个公司争了光。对于接下来的工作安排，邱华文完全掌握了主动权，在任命李薇薇与孙宪超为这次活动的正、副负责人的同时，还把策划部与发行部的大部分精英抽调到李、孙旗下。对于人事调动，韩玉与陆飞也没什么好说的，因为他们俩现在已经对自己无能的手下失望透顶，而且这次的项目对于整个公司来说则是众望所归，任何人出面干扰就是和公司的发展过不去。

在接到通知的第二天，李薇薇与孙宪超一起找到邱华文向他表示以自己的能力不足以驾驭这么重要的项目，所以提议由聂常光做主要负责人。邱华文等的就是这句话，二话没说召开临时会议，通知大家进军网络市场，项目由聂常光来做主要负责人，李薇薇与孙宪超改为聂常光的助理。由于孙宪超的优秀表现，邱华文作为公司老总，破例直接提拔基层员工为编辑部副主管。

回到编辑部后，聂常光看到王伟还在那盯着方案，于是走过去一把抢过桌子上的计划书扔进了垃圾桶，接着跟王伟说道："你和李薇薇的差距就在于她看到的是解决问题的方向，而你只看到了解决问题的方法。"不等王伟回过神来，聂常光接着丢出一句话后，就走进了自己的办公室："你的副主管位置不动，不过以后的主要工作是协助李薇薇以及孙宪超。"

章后"一"问：

策划组的成员不是有王伟的B组组员吗？为什么还要联手对抗自己的上司？

释疑：王伟的B组组员之所以会反戈一击，从大局观上来说无非就是个人利益问题，大局观与个人利益两个看似矛盾的概念，有时却可以组合到一起。例如王伟的这次明争暗夺的抢风头行为，作为他的下属，如果一味地放任你的上司在那里巧取豪夺的话，那么当他得逞时，你还是从前的那个默默无闻的打工仔，而且最重要的是你失去了一次升官发财的机会。在职场中，这种机会对一个人出现的次数，可能用一只猪蹄都能数得过来。而如果在公平竞争的前提下稍加反抗，你最终得到的可能不单单是阻止你的上司把你踩得越来越深，而是成为你上司的上司。

从局部关系上看，王伟之所以会被自己人干掉，原因还在于当时的形势所趋。当大部分人都攻击王伟，甚至作为王伟的手下刘宇飞都受到了牵连时，这就不得不使很多B组组员为自己敲了警钟，是继续跟着王伟看着他在那里吃“独食”，自己一无所获的成为“殉葬品”，还是“弃暗投明”，加入到大众的队伍中去？这些人选择了后者，因为他们知道王伟虽然是他们的上司，但是大家有一个相同点，都是为了混口饭吃，所以谁都不可能为了别人吃得更好而砸了自己的饭碗。

这些B组人的选择告诉了我们一个道理，无论是大局观与个人利益，还是局部关系与形势所趋，又或者是其他什么利益、形势、观念、目标等等，都不存在绝对的矛盾，而唯一存在矛盾的正是你所在的这个职场。

第八章

“山寨”别人很丢人么？

职场“蜗居”第八条：是否“山寨”取决于你是想安全过关还是想当众丢人。如果你没有能力超越别人，跟在别人身后至少不会让你“误入歧途”。

办公室里有很多人，当然也不乏高人，他们做事高效，做人高尚，对上司尊重有加，对同事关怀备至，这种人无疑会是办公室里最受欢迎的人，当然也会是领导们称赞和表扬的对象，对于这种人我们是该嫉妒还是应该山寨？

或许会有人说我凭什么要山寨别人，我就是我，我不能活在别人的影子里，更不能被别人的思想和行为同化。别人的东西永是别人的，只有我的才是自己的，我绝不能成为别人增加人气的铺垫。

那好，你可以继续我行我素，你也可以继续按照自己的思想和意思行事。但是如果你是一个职场小白，那么按照自己的思想做事只会让你当众出丑，成为众人的笑柄。

1. 人不能没有自我意识

在这个世界上任何人都是唯一的，也正是因为大家各有各的个性，世界才丰富多彩，办公室才人才济济。如果大家都只懂得山寨别人，那么办公室也就没有了那么多个性鲜明的人了，所以要在办公室生存就要有足够的自我意识。

一个人只有具备足够的自我意识，他才会知道自己想要的是什么，自己的职场目标是什么，才能明确自己在职场应该怎么做，否则整天活在别人的影子下，那么我们就很容易会走入误区，被人间接利用，成为帮别人做宣传的广告，成为别人的代言人。

比如职业理想，比如奋斗目标，这些都是我们永远不能山寨别人的东西。比如有人立志想做大公司的CEO，而你是学技术出身的，你最擅长的不是管理而是搞技术、做研究，所以不管别人多么风光无限，我们都不能山寨，因为那不属于我们，也不适合我们，我们要清楚地知道自己的价值所在，并朝着这个方向努力。

所以，在职场我们不仅要懂得做事情，还要有足够的定力，足够睿智的眼光，不能见不得别人好，也不能忍不了自己差，而要清楚明了地知道哪些人可以山寨，哪些人不可以山寨，要山寨别人的什么，不能山寨别人的什么。

只有这样，我们才能不被别人忽悠，才不会看花眼睛，迷失自己，才能永远牢记自己最想要的是什么，才能不偏不倚地朝着自己心中的方向为自己努力奋斗。

2. 如果你自认为很牛，那就先看看周围的人

的确只有自己的才是有价值、有意义的，别人的永远都是别人的，可以拿来参考、借鉴，但不能当成自己的事业，所以人必须要有些自我意识。

可是世界原本就很奇怪，有些人一旦有了足够的自我意识就很容易偏激，总是喜欢敝帚自珍。无论自己的什么都认为是有价值、有意义的，是值得去做并深入去研究的，可是市场是客观的，职场也是客观的。一个人的思想、意识，乃至行为举止是否有价值、有意义，是否值得这么一直做下去，要看市场和职场的鉴定。

如果按你的意思做事，做出来的工作得不到认可，不能产生实际价值，那么你再自信都是没用的，你的想法都是不会被公司认可的。所以，如果你认为自己很牛，那么你不妨看看你周围的人，看看他们都在做些什么，看看他们都做出了什么成绩。

不得不承认，职场是一个让人不得不服的地方，总是有人比你牛，总是有人的想法和做法比你的更能出奇制胜，这时你该怎么办？

没事扯扯对方的后腿，打击打击对方的信心，这不过是一种对双方来讲都没有好处的小人之举。如果这样，不仅显得你小肚鸡肠忌妒贤能，还会阻碍对方的进步，从而拖累整个单位的工作进度，单位效益不好，领导窝火，大家都要跟着遭殃。所以说，不正当竞争是一种里外不讨好的双输的工作方式。

因此，如果在职场真的有人比你更牛×，那么山寨他们吧，因为他们的确有被山寨的价值。山寨别人就说明你肯定了对方的价值，一来可以彰显你够谦虚，可以做到向别人学习，二来可以提高你自己的工作能

力。此外山寨别人也能激发起对方工作的积极性和创造性，从而推动整个单位的人集体进步，所以说，山寨别人有时更是一种双赢的工作方式。

3. “山寨”别人丢不丢脸要看你“山寨”的效果怎么样

一边需要牢记自我意识，一边又要山寨别人，这样一来有些人就会给整糊涂了，如果山寨别人，不就是否定自己吗？一个人连自己都不敢坚持，这不是很丢脸、很伤自尊吗？

事实上，自主意识和山寨别人并不冲突。

有了足够的自主意识，一个人才能明确什么样的人、什么样的事情可以拿来山寨，应该山寨别人什么才能更好地完善自我，帮助自己达到自主的目的。

而山寨别人能够有效地帮助我们舍弃错误的做法，找到正确的做法，从而缩短我们自己摸索的过程，在短时间内提高工作效率，完善自身，进而为我们实现自主奠定基础。

所以，山寨别人并不丢脸，也不是丧失自主，而是一个种策略，是一种在短时间内迅速提高自我水平的一种捷径。而山寨别人的结果如何，就要看我们山寨别人的水平了。如果只山寨到了别人的做法，而学不到他们的思维，那么这种山寨只是有形无神；如果只山寨到了别人的思想而不学习具体做法，那么这种山寨只是有神无形。

由此看来，山寨别人本身没有错，关键要看我们怎么理解山寨别人的含义，怎么去山寨别人，如果像东施效颦一样只为了山寨别人而山寨别人，那么我们只是成为大家的笑柄，既迷失了自己，还学不来别人的精华。

4. 如果连“山寨”的水平都达不到，你还谈什么超越？

有了明确的自主意识后，我们就要首先明确山寨别人只是提高自己的手段而不是目的，所以我们能否山寨到别人的精华很重要，因为只有山寨得好、山寨得像，我们才能把自己的水平提高到别人的水平，我们才算是真的有了提高。

如果山寨别人之后，我们非但没有学到知识和经验，结果还把自己的一些想法否定、抹杀了，那么我们山寨别人的结果无疑是失败的，是没有成效的。

假如我们连山寨别人都做不好，那就等于说我们根本没能从对方身上学到有用、有价值的东西，这就说明我们与他人之间还存在很大的差距。如果我们不能尽快缩短这个差距，首先把自己提升到一个和别人同一层次上来，那么我们就不可能超越他人。

所以说，山寨别人是超越别人的基础。山寨是前提，有了这个前提我们才能超越别人。但是在充满竞争的职场上，不是你想山寨别人，别人就会给你机会的，因为他们也很明白，一旦他们不再是唯一，那么他们的职位随之就会被人动摇。

因此，永远不要幻想着别人会坦诚地向你讲授经验，除非是大脑有毛病的人，否则谁都知道在职场之上，只有能力才是安身立命的根本。把知识和经验教给别人就等于给自己树立竞争对手，所以要想山寨别人就要学着机灵，学会观察，要知道山寨别人也是要靠智慧的，不是人人都能山寨到别人的精华。

5."山寨"只是前提，超越才是目的

山寨到别人的精华并不是山寨别人的终结，而是超越别人的开始。因为只有首先和别人站在同一起跑线上，我们才有资格和他人竞争。

所以，山寨到别人以后，我们首先要做的不是沾沾自喜，因为一旦我们和他人水平相当,那么接下来我们要面对的可能就是新一轮的竞争。

要知道在单位被人山寨虽然是一件让人高兴的事情，但是被人山寨得很像、很好却是一件很可怕的事。既然别人都能做得像你一样好了，那么你也就没有什么卓越之处了，也就等于你已经被别人赶上了。如果

不想被超越，那么被山寨的人一定会绞尽脑汁尽快实现：人精我变。

在赶上和被赶上之后，我们是应该继续追赶别人，还是应该一鼓作气超越别人从而成为别人山寨的对象呢？

很显然每个人都想成为被人山寨的对象，因为被山寨就是对一个人实力和水平的认可。不想一路尾追他人，不想继续拾人牙慧，不想跟在他人屁股后头，我们就应该迅速消化从他人那里学到的知识和经验，然后结合自己的实际能力和特长，然后找到超越别人的突破点，从而自成一家，形成自己的风格，展现出自己的特色。当然这些都是要在能够提高工作效率的前提下的。

这样一来，我们等于实现了山寨别人之后的完美超越，从紧跟其后，到遥遥领先。现在看来，在我们最初能力不济的时候山寨一下别人也是有用的、是有意义的、有价值的，因为想要超越别人，山寨别人是前提。

案　例

聂常光授命负责网络小说这个项目后，由于之前在制订方案时手头堆积了大量工作，所以将项目拿下后的聂常光又忙起了之前的工作，毕竟在成为项目负责人之前，他更是一名编辑部主任。至于这次的项目，他则放心地交由李薇薇全权负责。其实聂常光的这次决定李薇薇早就料到了，所以她才会带着孙宪超直接向邱总提议将项目负责人改为自己的老大聂常光。因为她知道，无论谁当选，只要这个项目在编辑部手中，那么以自己的分量想不管都很难，而李薇薇的这次主动请辞不但让她的上司放下了戒心，而且还能使她获得更多的资源。

跟着李薇薇完成大踏步的孙宪超起初对于李薇薇的这一举动还非常不解，这份功劳明明只归他们二人所有，为什么李薇薇却要将它全部让给别人呢？李薇薇对此的解释就是：“这场风太大，我们要找个牢固的帐篷避一避。”这句话让孙宪超听了个似懂非懂。不过当看到事情的结果正如李薇薇所料，聂常光对她是百分之百放心后，孙宪超也不得不佩服起了李薇薇的深谋远虑，天天缠着李薇薇，要她再教自己几招。

李薇薇受不了他的烦人劲，就直接告诉他：“你忘了，我这些套路不都是跟你学的吗？”

这句话把孙宪超问得一愣，不解地问道：“跟我学的？我有何德何能能教会了冰雪聪明的李主管呀？”

“你上次不是也给了我一次‘抢功’的机会吗？”李薇薇说话的时候抖了抖手中的计划书。

孙宪超这才恍然大悟：“原来上次在自己的计划书里把李薇薇的名字写在前面，李薇薇没有反对，并不是贪图功劳，而是要当自己的靠山，这样才能避免自己步王伟的后尘被全组人群起而攻之。”想到这里孙宪超则再一次地佩服起了李薇薇的良苦用心，并且更加地对她充满了感激之情，大恩不言谢，孙宪超想完这些，又打趣地说道：“李负责人，您这叫不耻下学，真乃圣人也。哈哈。”

李薇薇听了后，笑着说：“我这不叫不耻下学，我这叫山寨。公司里到处都有值得山寨的人和事，等你山寨多了自然就能压得住寨了。”

虽然拿到了向网络市场进军的运作权，但这也只是一个开始，所有的书面上的东西都在等着李薇薇和孙宪超去一个一个地实现，这才是难点。而对于他们两个人来说更难的还在后面，首先就是组内成员问题，李薇薇的这批组内成员除了从编辑部抽调出来的一小部分以外，其余的都来自策划部与发行部，这就是问题的所在，与编辑部的人不同的是这些人可以算得上是编辑部的死对头，可以说这批人员的到来并没有为李薇薇的工作带来多少便利，相反的，他们却成了策划初期摆在李薇薇面前的第一道门槛——团结与服从。

不过面对这些外来组员的刻意散漫与不配合，李薇薇好像并没有什么应对之策或者是她根本没把这事放在心上，工作进度缓慢，李薇薇毫无作为，甚至连她该有的领导才能都没有表现出来，任由这些“外援”在队伍中胡作非为。

对于李薇薇组内的“化学反应”，HW公司的领导们自然不会太过关心，那是因为他们把注意力都放在了这次向网络市场进军的业绩上。看到计划毫无进展，这些人势必会向老板施压，其中表现最强烈的当然要数韩云龙和陆飞了。他们俩不但在那不停地抱怨工作进度，而且还很直接地提议要求改换项目负责人，出乎邱华文预料的是对于这个提议，手下的这些副总们的表现倒是很一致，丝毫没有什么反对的想法。面对着不断向自己涌来的压力，邱华文在抵挡不住时便把聂常光拉进会议室。聂常光当然了解老板的苦衷，他也清楚自己面对这些自上而下的“讨伐声”应该干什么。“一个月。”聂常光只说了一个工作期限，其余的保证只字不提。当听到聂常光只给自己这么几天时间时，在座的副总们除了怀疑就是窃喜，因为他们知道一个月后谁都有可能将这份现成的功劳据为已有。但邱华文听到聂常光自掘坟墓似的保证，表现得非常淡定，因为他对自己手下的信任正如聂常光对李薇薇的信任，同样作为上司的两个人，在会议结束后都没有找自己的手下讨论有关什么期限不期限的事。相反地，邱华文又给了聂常光更多的权力：“这次网络市场拓展组的成员，无论来自于哪个部门，如果表现不好可以直接开除，如果人手不够可以从其他部门继续抽调。”聂常光把这句话也同样地传递给了李薇薇，对上次会议也有所耳闻的李薇薇看到聂常光将压力一个人扛了下来非常感动，不仅在心中感叹道：“我才是整个公司生命力最强的那个‘蜗牛’，因为我有一个如此坚硬的外壳，现在留给我的事就是该如何一步步的向上爬。”

聂常光为李薇薇摆平了自上而下的压力，但那些来自下属的压力就得需要李薇薇自己摆平了，第一个来找李薇薇反映情况的是孙宪超：“李主管，现在组内的工作气氛不是太好，我们进度之所以一直提不上来，跟这些人的懒散是有很大关系的。”

李薇薇听出来这是孙宪超在怪自己管理不严，于是胸有成竹地说道：“这些情况我都了解，接下来你就认认真真地学吧。”

接下来李薇薇果然开始行动，她先是将几个特别过分的“外援”开除出公司，然后又向上级申请奖励了几个表现比较好的组员，当然这其中还是以外部组员居多，特别是负责市场调查的发行部员工。第一轮赏罚过后，李薇薇又开始了第二轮行动，她把大部分的重要任务都交给了来自于策划部的员工，而自己编辑部的组员们渐渐地成为了这些“外援”的助手。这让孙宪超非常不解，于是去找李主管理论。

李薇薇听完他的抱怨后，并没有直接跟他解释自己的两步走，而是反问了孙宪超一个问题：“你还记得我跟你说过‘只有会山寨他人的人，自己才能压得住寨’吗？”

孙宪超点了点头，但仍然不明所以地问道："这跟山寨有什么关系吗？莫非这些都是别人教你的吗？"

对于孙宪超的问题，李薇薇仍是没有做正面回答，而是继续反问："你认为鱼和徐德志还有韩玉能跑过来教我什么东西吗？"看到孙宪超彻底变成"白痴状"后，李薇薇终于摆出了授业解惑的架势向孙宪超解释道："有教有学那叫教学，没人肯教，自己去偷学的这才叫山寨。你一定没养过鱼吧，新买来的鱼都不能直接倒进鱼缸中，而是要装在袋子里放进鱼缸。等到袋子里的水温与鱼缸里的水温经过热传递相同时才能把他们放缸里。不然的话，两个地方的温度相差太大会造成鱼的不适，继而生病死掉。这就是我为什么在这些人刚来时这么放纵他们，其实就是要给他们一个适应的阶段，如果引起全组不适的话，那样就会很容易引起"哗变"，到时候责任可就都在领导身上了。"

看到不知是被养鱼吸引还是管人吸引了的孙宪超越听越入迷后，李薇薇继续说道："就在你们认为我无所作为的时候，其实我已经完成了管理新团队的第一步。至于那个赏罚制度，其实我是山寨韩玉的。由于发行部的工作性质，他们的员工会经常跑外，所以对这些人的管理难度就加大了，偶尔偷个懒也没人会知道。但是据我长期观察，韩玉的发行部非但没有闲人，而且在韩玉的带领下工作效率非常高，最后我才了解到，这些员工之所以这么拼命干活其实就是源于韩玉建立起的一套公平的赏罚制度，超额完成业绩的会重赏，没能完成任务的则重罚，这样就促使了这些员工就在这种赏罚制度的监督下积极而谨慎地完成工作。而我采取这一项措施的另外一个原因就是让这些人知道谁才是他们的老大，告诉他们该听谁的。"

看到孙宪超不断张大的嘴和发直的眼神，李薇薇满意地继续说道："我之所以会重用策划部的那些员工，其实是山寨了徐德志的反面。大家都知道徐德志嫉贤妒能，容不得手下有半点抢功行为，所以很多策划部的策划们都对他怨声载道，我就是抓住这点，既然他的做法不能让人满意，那么我们就与他背道而驰，山寨反方向的徐德志，这样的话就一定会取得不错的效果，所以说'坏蛋'也不是不能拿来山寨的，山寨'坏蛋'的坏处，就是我们需要的好处。而重用这些策划部的策划还有一点好处就是，可以让大家知道在我手下干活会比在徐德志那更有发展，他们就会由‘亲徐’慢慢地变成‘亲李’,这样一来有谁还会不情愿干活？”

李薇薇给孙宪超上的这堂课自然让他受教颇多，李薇薇在最后越讲越豪迈、越讲越睿智的形象也令孙宪超佩服得五体投地。但是，孙宪超还是留意到最后的那句为什么是“亲李”而不是“亲聂”？只不过这种想法只是稍瞬即逝，毕竟孙宪超对于谁是自己的靠山还是非常清楚的。

在李薇薇的一系列措施过后，真的令组内这些“外援”的倾向性发生了改变。对于自己派出去的手下的变化，两位主任也是有所察觉的，但是俩人的想法却完全不一样，徐德志认为这是好事，自己的手下得到了重用，项目一完成，功劳也绝对不会记在这些虾兵蟹将的身上，到时候自己以策划部的名义去争功,到头来还不是落在了自己这个领导身上。而韩玉却不这么认为，他看到自己派出去的人如石沉大海，被李薇薇成功策反后,突然觉得有些不安,他感觉现在的编辑部就像一个“大黑洞”,要把其他两个部门吸进去，他的这种想法让他不得不提高警惕。在面对这个“大黑洞”时，韩玉虽然有点恐惧，但不得不承认他们的运作是成功的，而编辑部的成功之处就在于他们的不可替代，所以韩玉决定山寨他们的运营模式，就算不能赶超他们，起码会为自己增加一些战斗力。于是韩玉也将自己的部门分成几个小组，而且分工很细，组也分得特别多，很多组加上组长甚至只有两三个人。而韩玉自己也学着聂常光那样把注意力都集中在了外部扩张上，所以在发行部里基本上是看不到韩玉的影子了。韩玉的山寨行为被公司里的同僚们所不齿，他们认为这是韩玉在主动向聂常光屈服，特别是韩云龙更是对他大失所望，责备他这是长他人志气灭自己威风，就算成功了，那也不光彩。

就在李薇薇的小组渐渐步入正轨时,聂常光派来了王伟协助李薇薇,理由是怕李薇薇人手不够。不过目前的情况是一切都在李薇薇掌控之中,很显然这个理由只是一时敷衍。王伟的到来让李薇薇和孙宪超二人再一次感觉到了危险的临近，只不过他们二人谁都不知道王伟甚至是聂常光的目的是什么，所以谁都不敢轻举妄动。奇怪的是王伟在参与进来之后并没有把矛头指向李、孙二人，而是不断地抱怨人手不足，向发行部和策划部要人，李薇薇起初不明所以，因此不予批准，但在聂常光的授意下也不得不向王伟的要求妥协。而在人员抽调过程中，两个部门的态度却截然不同。发行部由于老大经常不在，每个组的组员又那么少，所以王伟每次去要人，对方都会以没人敢做主或是人员分配不足为借口来搪塞他。久而久之，王伟干脆绕过了发行部，直接将手伸向策划部。徐德志每次对编辑部那边的人员调动都是有求必应，因为他认为自己的人过去的越多，到时候自己捞到的功劳也就越多。但是在经过了一段时间的人员流失后，徐德志的策划部在工作方面也显得捉襟见肘了，持续半个月没有达到预计标准的策划部让众位高管们大为恼火，这其中最生气的当然要数邱华文。不管徐德志怎么解释，邱华文还是把策划部没有完成的工作统统交给了编辑部，之后又过了没多久，徐德志干脆被放逐到了财务部陆飞的旗下，而他手中的策划部其实早就被王伟拉到了编辑部。

事已至此，聂常光与王伟的目的就一目了然了，其实他们俩一开始就是冲着吞并另两个部门去的。只不过被韩玉的山寨政策挡了个正着，发行部这才幸免于难，但是徐德志可就没有这么幸运了。由于他的贪功冒进再加上邱华文的大力支持，可以说策划部对于聂常光来说是势在必得，而陆飞方面，由于之前已经是对徐德志失望透顶，这次肯收留他已经算是纯感情方面的援助了。

在主任办公室，聂常光当着李薇薇的面表扬了王伟一通，原来这次的吞并计划都是王伟一手包办的。听到领导的表扬，反而让王伟觉得不好意思了，赶忙解释：“其实这些都是跟李主管学的。”这句话倒把在场的聂常光和李薇薇说得一愣，王伟说道：“聂主任不是说让我学学李薇薇做事的方向感吗，我这次就感觉抢项目只是场小战役，如果我们把对手消灭，那么还用着抢这些小项目吗，所以……”

聂常光听到这里，更是对王伟大加赞赏：“山寨别人的方法只能算是依葫芦画瓢，山寨到别人的风格和思想这才是山寨的最高境界，你今天让我知道了原来山寨也可以变成原创！”

李薇薇也在一旁打趣道：“是啊，QQ 不是也成了 OICQ 的老板了吗。”

章后“一”问：

为什么从策划部与发行部抽调过去的人刚开始会阻碍工作的进程？

释疑：很显然，这是因为在来编辑部前，这些人接到过徐德志与韩玉的特殊交代，结合双方的立场以及这些人的表现来看，这些交代内容自然会不言而喻。

徐德志与韩玉这样做的目的其实很简单，正如他们的手下表现的那样，为李薇薇的工作增添麻烦，不让李薇薇轻易得逞。然后在她遇到困难工作毫无进展时，再通过高管会议向聂常光施压，争取将这个到手的功劳据为己有。从这也就不难看出为什么韩云龙与陆飞会在会议上表现得那么抢眼了。

其实徐德志与韩玉的这种做法非常合理，因为只要还没拿到奖赏，那么每一次可以立功的机会对任何人都是可以去争取的，所以在一件还没有成形的好事面前，不要自以为是地认为胜券在握，更不要妄自菲薄地轻易放弃。

第九章

办公室制度让你很不爽，你是奋起反抗还是换位思考？

职场“蜗居”第九条：公司制度不会是为你一个人制定的，如果因此而觉得不爽，那你不妨考虑一下你是否比老总还有决策权。

永远不要幻想有哪家公司的制度完全是为了职工考虑，也永远不要幻想哪家公司的老板会从员工的立场出发考虑问题，要知道唯利是图虽然不好听，但是它却是事实，只是碍于社会道义、碍于仁义友爱，我们不能这么说。

所以，既然你决定了要入职一个单位工作，那么你就要首先接受这家单位的制度，因为这是入职的前提，也是之后你能够在这家单位长呆久安的保障。

如果你不能适应一家公司的制度，那么你就只能改变自己，因为制度本身都是为公司整体利益为出发点而设立的，跟公司制度过不去，在老板看来你就跟公司整体利益过不去，对公司发展有碍的员工，是没有老板愿意接纳的。

所以，既然你已经决定在一家公司待下去，那么你只能试着改变自己。让自己适应制度，永远不要幻想老板会因为你而改变公司制度，如果你实在想不通，那么换位思考一下，一切你都会明白。

1. 制度或许不健全，但是这并不是你和制度抗衡的理由

制度是一家公司存在的根本。如果一家公司的制度不健全，那也就等于公司给员工留有空子可钻，所以一个成熟的大公司一般来讲公司制度都是非常健全的。

从公司制度制定的出发点我们不难看出，公司制度的存在就是为了更好地约束员工，保障公司的整体利益，所以从大方向看，公司制度和员工的长远利益并不冲突，而员工之所以会觉得制度让人不爽，更多的原因可能在于自己。

不能否定每一个员工都有自己的小算盘，都习惯于从自己的利益出发思考问题，所以他们更加关心的是自己的腰包和自己的椅子，可是如果公司整体利益受损，那么跟着遭殃的必定是公司的各层职员。

如果公司倒闭了，那么职工只能下岗，这也就是很多大公司施行员工分红的最主要的目的。只有把员工的直接利益和公司利益用看得见、

摸得着的方式结合起来，员工才会更有工作激情和热情，但是在更多公司，员工和公司的利益是在用看不见、摸不着的方式结合在一起的，这样一来作为员工就不免会抱怨，会不爽。

也有很多公司的制度都存在着很多问题，都不够健全，但是这同样不能成为你和公司制度抗衡的理由，因为制度不是为了约束某一个人而定的，而是一个公司发展的模式，所以即使公司制度不健全，我们也只能首先试着去适应，而不能去搞特殊。

2. 和制度作对只能成为制度的牺牲品

但是在职场总是有些愣头青不分轻重，觉得公司制度不合理就大吼大叫，搞得公司群情激奋，似乎要搞“政变”，这种人大多都会成为公司制度完善的牺牲品。

不能否定，任何一家公司的老板都希望自己公司的制度能够逐步完善，从而保证公司稳定持续发展，所以，从本质上来讲，作为公司的老板都是希望能够有员工向他提出问题的。但是老板就是老板，他可以接受有人提建议，却不能接受有人抗议。

建议和抗议在我们看来或许都是持有不同意见的一种表现，但是在老板看来却有很大的差别，前者是站在和老板同一的角度在思考问题，是为了让老板更好地管理公司而提供的善意的不同意见，而后者在老板看来是对公司的反对和示威，是对老板的否定和不尊重。

所以很多给老板提出建设性建议的人一般都能成为老板的心腹，而敢于站出来表示抗议的人，一般都会成为制度的牺牲品，老板或许会迫于压力暂时答应了你的要求，但是之后你很就会被老板扫地出门。

由此看来，对制度不满也不能贸然向制度示威。在公司和老板面前，仅凭一个职员的要求是不足以让他们屈服的，更不足以让他们为之改变。否则不甘心、不愿就此让步的员工，最终只能成为制度的牺牲品。

3. 你的利益自己不争取没有人会替你争取

面对公司制度的不健全，有些人或许会善意地向老板提出了建议，但是我们首先要明白，就算公司的制度有偏颇，公司制度肯定是更有利于公司和老板，而不会更有利于员工。

抛开双方整体利益不谈，就老板利益和职工利益来说，二者之间也是一种矛盾，在整体收益固定的情况下，老板拿到的利益越多，那么职工拿到的利益就会越少，职工拿得越多，老板拿得也就越少，所以，没有一个老板在制定公司制度时会牺牲自己的利益而主动让利给职工。

所以，善意的建议虽然和风细雨，但是力度不够，很多时候这种建议即使提了，老板也不会轻易接受，除非你能保证这个建议能够在保障相对公平的同时，能给公司带来更多的利益，否则这种建议提了也等于白提。

鉴于此，很多人或许就认为，既然提了建议会让老板觉得是在有损老板的利益，那么提这种建议势必会得罪老板，而得罪老板肯定就没好果子吃，干脆算了。

这种思想是大错特错，因为作为员工，你不去为自己的利益争取，没有人会替你争取，老板更不会突然良心发现多发你奖金。

所以，当我们发现了公司制度的疏忽和纰漏，我们要做的不是睁一只眼闭一只眼，而是要自己为自己争取，只是在争取的时候要注意方式罢了。

4. 不论老板说得多好，他都不会做有损公司利益的事

自己的利益要保证，老板又不能得罪，这样就让一些人感到为难了，建议老板未必会听，抗议又会成为牺牲品，那到底该怎么办呢？找老板讲道理？

要记得老板的道理永远比我们的多，而且可能个个都很有理，但是

我们要明确一点，老板永远不会做有损公司利益的事，所以我们不能被老板的话给忽悠了。

在我们还没有找到合适的方式来说服老板之前，老板肯定会找出足够多的理由先把我们说服。这时我们既不能说不信老板的话，又不能保障按老板的意思以后不再提这事，所以我们只能表面表示赞同老板的说法，以后再想办法突破。

要知道，既然有人提建议，那就说明公司制度存在问题，老板虽然一时不会接受这个建议，但这并不代表他不会往这方面考虑。只要老板去深入思考这个问题，那么无论你的第一次提议成功与否，首先你就成功了一大步。

所以，即使老板会说做员工的也要多替老板考虑一下，多换位思考一下，你们就会知道公司为什么会制定这样的制度了，等等……

这些都是借口，都是安抚职员的方法，但这些并不能表明他们没有动心，没有思索公司的制度是否有问题，只要他们开始动摇，那么我们就有机会了。

5. 想让老板让步，除非你能给他带来更多的利益

要知道在职场人人都在往“钱”看，老板作为一个商人更是不能例外，所以想要让老板答应我们一些有损他们利益的事，这是永远不可能的。想让老板让步，唯一的方法就是在保障自己利益的前提下保障能给公司带来更多的利益，这样老板才可能会选择让步。

如果你觉得公司制度不合理，而你提出的建议只对员工有好处，而对公司利益没有任何帮助，那么这种提议你最好还是不要提，因为即使你提了也只是于事无补。

或许会有人不服气地说，公司很重要，但是如果大家都走了，看公司还怎么运作。如果你这么想，我只能告诉你，你太幼稚了。在现代社会很多刚毕业的大学生甚至都找不到工作，而作为一个公司又怎么可能会招不到人呢？

你以为自己很重要，自己应该备受公司关注，但是一个只懂得跟老板叫板，而不肯向老板妥协的人，最终只会被老板扫地出门，你所谓的自尊在老板面前就不叫自尊，那叫不知好歹，叫不识时务，所以跟老板斗你一点赢的资格都没有。

相反，只有给老板描绘一个美好的公司前景，让老板首先看到有利可图，那么他才有可能会采纳你的建议，修改公司制度，放一部分权利和利益给你，否则永远不要拿自己的前途和老板较真。

案　例

自己的策划部被别人吞并了的徐德志成了真正的“光杆司令”，陆飞念在两人是同乡的份上将其纳入到自己的财务科，从小领导变成小职员后的徐德志心理自然不会平衡，逢人便向对方大加咒骂聂常光，毫不顾忌什么影响不影响。刚开始听到这些话的人无不为之侧目，但是时间一长，这些财务科的同事们都明白了，徐德志纯属是为发泄。他的话除了能让自己的形象受损外，对聂常光没有丝毫破坏性。渐渐地这些人开始有意地疏远徐德志，因为谁都不想让这些容易惹起争端的“废话”将自己卷进这场矛盾之中。徐德志感觉到了同事们对自己的态度后，并没有任何收敛的迹象，反而变本加厉地将矛头由聂常光身上转移到了公司的制度上。

徐德志认为公司现有的制度就是一堆垃圾，它保证不了每个员工或者每个部门的安全性，甚至连一个领导都有可能随时被别人打压成为员工。徐德志最近一段时间逢人便说的一句话就是：“公司的制度让公司变成了屠宰场，而我就是这些制度下的冤死鬼。”

他的这番反动言论开始在财务科内产生了不良反应，他的话让很多员工都感觉到了不安，说不定自己什么时候就会被其他部门吞没或者代替，而就算自己再怎么努力混上个官当，也还是有可能随时被人拿下。“公司的制度太血腥了。”这是接触过徐德志的员工们的一致观点，这些人之所以如此一致，原因就在于一个活生生的实例就摆在自己眼前，在陆总的保护下还能被“打”得这么狼狈，可见这些制度是多么的强大与不合理。不过可惜的是“强大”是在别人的手中，而“不合理”则是冲着自己。对制度的抱怨之声在办公室内与日俱增，不过其他员工可不像徐德志那样跟个怨妇似的喋喋不休，他们只是心中暗自考虑，公司现有的制度究竟能给自己带来什么，从前至高无上、完美无暇的制度，现在看来在本质上却有个巨大的漏洞，而徐德志只是掉入这个“洞”中的第一个牺牲者，谁都不敢保证自己会不会是第二个、第三个……，有些人想到这里甚至在绝望中递交了辞呈，特别是陆飞的一些亲信，因为他们察觉到这些制度的漏洞实际上就是为陆飞设计的，自己在跟着他混，有可能最后的结局就是陪他一起“吃锅烙”，不如趁着自己年轻力壮找个相对安全的地方发展。

当陆飞得知徐德志在自己的地盘惑乱人心后非常生气，将他抓进自己的办公室中劈头盖脸地就是一通臭骂。面对陆飞的责备，徐德志这次并没有低头认错，而是出人意料地以轻蔑的语气对陆飞说：“人家明显是在玩我们，而你被人摆了一道后不做任何反击却在这里骂我这个还有胆量与对手继续抗衡的手下，如果你认为窝在办公室拿我出气就能把丢掉的要回来的话，那你就继续骂好了。”

很显然，徐德志的一反常态把陆飞弄得一时无言以对，随口应付了一句：“这件事跟我有什么关系，被玩的是你不是我们。”

徐德志继续轻蔑地说道：“关键时刻推卸责任，这就是一个领导临危时的应激反应吗？就连公司的清洁工都知道策划部是我的，但更是你的。没了策划部，你的财务科就相当于门户大开，到时候恐怕都用不上邱华文或者韩云龙，就连管后勤的李总都能把你灭了。”

徐德志的一番话正好说到了陆飞的痛处。不过看他一副胸有成竹的样子，于是赶忙向他询问对策。徐德志见陆飞已经被自己震住，感觉自己有希望重新执掌策划部，赶忙向陆飞款款道来：“我们首先要找到问题出现在哪里，当然这与我的失误是不无关系的，不过重要的是他们违背了公司的制度，策划部的成立是公司规定的，聂常光说吃就吃，这显然是违反公司制度，就算他背后有邱华文撑腰，但是对于公司的制度你们这些副总是有权力进行监督的，所以说现在解决问题的最好办法就是陆总您主持个高管会议，当众向邱华文提出抗议，这样，是他违反公司制度在先，势必会做出让步。”

陆飞想了想徐德志的话，觉得也不无道理，所以决定先去和邱华文单独说一下，看看他的反应。

来到邱总的办公室后，陆飞开门见山地向邱华文就吞并策划部一事提出不满。对于陆飞的到来，邱华文早就料到他不会在这件事上善罢甘休，只不过邱华文没想到陆飞会用这么直接的方式向自己发起反击，不由得担心他是不是掌握了什么秘密武器。

邱华文看着一脸不忿的陆飞，笑着试探道：“策划部兼并一事当初在大会上是一致通过的，而且当时你也没提出什么反对意见，怎么现在又不满了呢？”

“当时不发表意见是因为我主要负责的是财务，策划部这件事我不好插手，不过现在我的立场不一样了，所以这个时候我感觉是时候站出来说几句了。”陆飞说话时表现得义正词严。

“你的立场？你现在是以老乡的立场说话呢，还是策划部的吞并对你产生了什么影响？”邱华文半询问半打趣地说道。

“邱总您真会开玩笑，我这次是站在公司的立场考虑的，公司这样说取缔一个部门就取缔一个部门，完全不按制度办事对其他部门会产生很多不良的影响。现在财务科就有很多同事由于对制度的不满向我提出了辞职。”

这下邱华文终于知道了陆飞为什么会来得这么直接了，原来他是想用制度来要挟自己。“公司违背了公司制度？具体怎么违背的你跟我说说。”

陆飞并没有听出邱华文话中有话，但又确实找不到到底违反了哪条制度，于是就把徐德志的话照搬了出来：“策划部的成立是公司规定的，聂常光说吃就吃，这显然是违反公司制度。”

“可是公司并没有规定成立了哪个部门，那个部门就会永久地保留下去啊。”

感觉到邱华文在跟自己玩文字游戏的陆飞有些气愤：“这就是公司制度上的漏洞，既然有了漏洞我们就要完善。”

“这样吧，你先回去帮忙想出一套完善方案，然后再找个合适的机会，大家开个会一起研究一下。”

陆飞知道这是邱华文在敷衍自己。如果自己现在走出他的办公室，那么策划部算是彻底没戏了，所以陆飞决定今天非把事情解决了不可。“漏洞就出现在策划部身上，如果把策划部重新归位，那么一切都会顺理成章。”

看来陆飞今天是打算顽抗到底，于是邱华文决定今天要让陆飞彻底屈服：“策划部不在，但是他的工作还是有人来做的，所以策划部的存在与否根本就没什么区别。”

“我们讨论的是制度，而不是工作，策划部的取缔会对其他领导产生影响。”

“什么影响？副总们都同意。”

“我不同意。”陆飞又犯了老毛病，一冲动就容易说出不负责任的话。

邱华文笑了笑说：“你没听过独臂难支吗？”

“我不是什么独臂，我是你的左膀右臂，为你打拼十几年，而且我也在这个公司入了股，难道我说的话会一点分量都没有吗？”见到单用制度取得不了任何效果后，陆飞决定加上感情筹码。

“我不管你现在跟我谈的是感情还是金钱，咱们都放在一块算，你当初入股拿出的那些钱是能买来你现在的一套房子，还是能换来你现在的一辆奔驰。如果没有公司，没有我，你现在还可能只是一个每天坐公交上下班的小编辑呢，而我看在感情的份儿上，在公司做大后直接让你负责你根本不在行的财务，这算得上是委以重任了吧！可是你看看你都干了什么，天天在其位不谋其政也就算了，还整天想着依仗我给你的权力跟我作对，咱们两个到底是谁更对不起谁！”

看到陆飞被自己驳得无言以对，邱华文继续乘胜追击：“别忘了公司的制度是谁定的，也别搞不清楚谁才是老大。我可以不按制度取消一个部门，也可同样不按制度消灭一个经理，在HW公司我就是制度！跟我同一阵营的我可以为他制定制度，跟我作对的我也可以为他制定制度，当然，要什么样的制度全都取决于你们自己。”邱华文在面对跟随自己多年的陆飞时，终于忍不住把该说的不该说的全都说了出来。被邱华文以强硬姿态击败了的陆飞像只斗败了的公鸡灰头土脸地离开了办公室。

待陆飞回到财务科后，徐德志看到他灰头土脸的样子，就知道自己“复辟”的希望算是破灭了。于是二话没说就向陆飞递交了早就准备好的辞呈，陆飞看过辞呈也同样地二话没说签字同意，让自己的“蒋干”趁早滚蛋。

徐德志是走了，但是陆飞的麻烦并没有结束，就在徐德志离开不久，聂常光就找到了陆飞，原来根据之前策划部的员工反映，公司规定策划部所有选题都要放在前主任徐德志的手中，而徐德志离开时势必会带着这些选题和方案一起离开。一旦他找到了新东家，那么这些策划资料也一定会遭到曝光，这样的话对公司造成的损害是不可估量的。陆飞对于这些当然是再清楚不过的了，所以立刻联系徐德志，不过徐德志的电话一直处于盲区状态。这可急坏了公司的整个领导层，而更让他们惴惴不安的是，就在管理层知道了这件事的第二天，陆飞也不见了，而且和徐德志情况一样，打电话都是无人接听。

一时间各种传闻在公司内部不胫而走，有人说徐德志手中的策划方案足以帮助其他公司将HW公司击溃，也有人说其实是陆飞与徐德志事先商量好的，两个人要拿着手中的东西作为另起门户的资本。

面对这些传闻邱华文也不置可否，毕竟陆飞出走之前自己刚刚和他吵了一架，所以邱华文决定陆飞再不回来他就报案，他现在唯一考虑的问题是应该报人口失踪还是应该报商业欺诈？

就在不断突起的传言快把公司的房顶和人心都要挤破时，一个人的出现让这些传闻在一瞬间不攻自破，这个人就是陆飞。在失踪了数天之后，陆飞又回到了公司，而且跟他一起回来的还有徐德志手中的全部策划方案。

邱华文看到陆飞后立刻把他请进了自己的办公室，要他给自己讲讲这几天都发生了些什么。原来陆飞在联系徐德志未果后，决定回老家一趟碰碰运气，看看失业后的徐德志会不会先回家探望一下父母。遇事又走得急，所以没告诉任何人，一开始打算到了地方再打给公司，结果没想到那几天老家突然下起暴雨，导致通讯线路全部中断。所幸徐德志的行程被陆飞猜到，经过几天的蹲守，陆飞终于等到了回家探亲的徐德志。刚开始徐德志根本不愿意交出手中的策划方案，不过在家里人的劝说以及陆飞要用法律手段制裁他的威胁下还是屈服了，就这样，策划部留下来的漏洞终于被陆飞给堵上了。

了解到整个事情的经过后，邱华文对陆飞大加赞扬，紧接着给陆飞下达了一个新的任务，就是制订一套完善的策划保护方案，然后找时间开个会讨论一下。陆飞听到这个命令觉得有点耳熟，抬头看了看邱华文，邱华文则笑着说：“我这次说的是真的。”

章后“一”问：

为什么陆飞听了徐德志的话去找邱华文理论，但却没有听邱华文的话同意开会集体讨论这件事？

释疑：如果为了私人利益在办公室中无论是开会还是发起集体讨论，其目的无非就是要用有利于自己的大多数观点帮助自己“公平、公正”地取得“一致”通过。

陆飞当然知道策划部的存在只对自己有利，对其他人有百害但却无一利，所以在开会时这些人自然不会支持自己，既然这样，那干嘛还要自寻“死”路。

在职场中，别人的观点不可强求，公平、公正也不可伪造，但是你却可以刻意地寻找出那些支持你的人，让他们帮助你取得公平、公正而又满意的结果。使你的盟友成为会议室里的大多数，他们才是你手中握着的强有力的武器。

第十章

说领导坏话很解气，可是却能断送你的前程

职场“蜗居”第十条：有正义感没有错，爱嚼舌头也不是致命的缺点，但是不管你多正义，多会说，永远要记住领导的坏话不能说。

只要有人的地方就免不了有人喜欢嚼舌头，说别人坏话。职场之上人多口杂，当然更是热闹，爱嚼舌头的人也就更多。

平时看着一些人三五成群地围在一起，聊聊天，逗逗乐，说说领导坏话，看上去很逍遥，很过瘾，很解气，但是一旦话说出口之后，谁能保证这些话不会传到领导耳朵里去呢?

要知道办公室就是一个没有缺口的链条，无论你处在什么位置，也不论你在背后说谁的坏话，只要你说了，那么别人总有一天会知道。

所以在单位即使闲得无所事事也不能随便说领导坏话，即使有人在你面前说了领导的坏话然后让你表态,你也不能为了应付他们随便表态。要知道一旦你这么做了，那么麻烦事就可能会接踵而至。

1. 办公室环境远没有白领的衣服那么纯洁

不能否定，无论在哪个国家，哪个单位，总是会有那么几个小人喜欢挑拨离间，搬弄是非。相应地职场是一个鱼龙混杂的地方，就更有了小人滋生的温床。

只不过，在办公室很多小人并非会以小人的真面目示人，相反他们大多都伪装得很好，都是衣衫整洁，谈吐举止大方得体，然而在光鲜的外表之下，并非是和他们的白色衬衣一样纯洁的灵魂。

不过这也不是谁个人的错，职场处处充满陷阱和潜规则。如果我们单纯地要坚持活出真我本色，那么我们就有可能遭人暗算，或是被人利用，所以形势所迫，每个职场人都不得不伪装得滴水不漏，不给人以可乘之机。

俗话说:害人之心不可有，防人之心不可无。想要在职场混出名堂，我们就不得不以小人之心度君子之腹。或许有人会说天天想着别人会出卖自己的人肯定也不是什么单纯的人。的确和中计之人相比，做个不单纯的人反而会安全很多。

因为职场就像商场、生意场，只有永远的利益没有永远的朋友。或许有些同事和你交好，可是谁能保证之后他们不会因为利益而出卖你呢？谁能保证你无意当中说的一句话对方也只会随便听听呢？

古人云:小心驶得万年船。的确,在职场你可以不聪明,可以不小人,但你不能不小心，否则，掉以轻心葬送的就是你的前程。

2. 说领导的坏话，早晚会传到领导耳朵里

领导不是顺风耳，但是只要你说了领导的坏话，那么一定会传到领导耳朵里去，但是有些人却偏偏不信邪，非要“以身试法”，而结果肯定没有好下场。

首先，领导自己可能听不到你在讲他们的坏话，可是领导身边每一个憋足了劲想要升职加薪的人都可能会是他们的耳目，所以不要以为领导不在，他们就听不到你说的话了。

其次，不要认为你说的这些话没人会感兴趣。相反，每一个想要抓住你的小辫子，想要把你扳倒的人，可能都会对你的话很感兴趣。

再次，不要以为有些同事平时和你感情不错，你就可以在他们面前说领导的坏话。对他们而言，讨好上司远比讨好你更来得实惠，所以不要怪他们见利忘义。

或许你身边不可能三种人同时存在，但只要有一种人存在，那他们就足以把你所说过的话传到领导耳朵里去。

一旦你说了领导的坏话,又以第三者陈述的方式传到领导耳朵里去,不考虑陈述者有添油加醋的可能，也不考虑陈述者有夹带私人感情的可能，光就你说的原话，就足以毁掉你在领导心目中的形象。

首先你是在背后说人坏话，这就说明你做事不够光明磊落。其次，有意见不敢当面提，这就说明了你勇气不足，只会抱怨。再次，对别人说领导坏话是在有意诋毁领导的形象。

给了领导这些印象，假设领导大公无私不计较个人恩怨，但是出于对公司整体利益的考虑，他们也不会提拔或是重用一个做事偷偷摸摸、遇事只会抱怨的人。这样一来，你在这些领导当权的日子，也就没有什么前途可言了。

3. 别人都能说领导坏话，但你不能

或许有些人认为我在别人面前说领导坏话时，对方也说了，既然大家都说了，对方怎么还会把我说的内容告诉领导呢？

这就牵涉到时效的问题，对于坏话，可能大家都说了，但是谁先把这些话反映给领导，那么领导就认为这个人虽然也可能说了自己的坏话，但是他们对自己还是有几分衷心的，至少他们对自己暂时是忠诚的。而你则会因为没有在领导面前解释的机会，而被认为是与领导立场相悖的。

所以，即使大家都说了领导的坏话，但是因为不同的人反映问题的时间不同，就会造成不同的影响。所以即使有人在你面前大批特批某位领导，你也不能为逞口舌之快而与对方“同流合污”，否则一旦你这么做了，那么你就等于有了把柄在对方手里，你就可能会因此而受制于人。

还有些人，看似也在发牢骚，在说某些领导的不是，但是不管他们怎么说，你都不能说，为什么？

对方含糊其辞，既像是在说领导坏话，又像是在发牢骚。一旦你单纯地直抒胸臆，那么你就惨了，因为对方很可能是在试探你，看看你是否和他一样对某位领导有意见。如果你顺着他们的思路往下说，那就证明你对领导有意见，相反如果你没有顺着他们的思路往下说，则说明你和他不是“同一路上的人”，这样一来他们就可以清楚地把你归纳到他们的战友或是敌人的名单中去。

无论你被归纳到哪里，在他们心中在公司你就是带“圈”的人了，找到了你的定位，以后他们再想法对付你就简单多了。所以，无论别人怎么说领导的坏话，也无论有多少人在说领导的坏话，但是有一点你要记住，你不能说。

4. 坏话不能说，好话也不能多说

通过上述论述或许有些人会认为，领导的坏话既然绝对不能说，那多说点领导的好话总行了吧，毕竟礼多人不怪嘛！

如果你也这么想，那你就错了。

在职场的好话和“礼多人不怪”中的“礼”有着不同的含义，而且职场本身就是瓜田李下，多说好话，别人未必把你的好话当好话，反而会把它理解成一种别有用心的恭维和逢迎拍马。

因为，在职场同一级别的同事在潜意识里总是认为，大家应该向着同一战壕里的弟兄说话，应该帮助同事对付上级和领导，这也是为什么在办公室职员爱说领导坏话的原因。但是如果一旦出现了一个异类，总是说领导好话，那么他们就会认为你是马屁精，或是胆小鬼，只知道逢迎领导，而不敢替自家“兄弟”说话，所以同事们不会优待你。

总说领导好话，领导总不至于不买账吧？不错，的确会有一些领导不买账。

首先，喜欢在公司多说好话，在上司看来就是一种浮躁、浅薄的表现。其次，没有无缘无故的马屁，你一再拍领导马屁，那么你一定会有不可告人的秘密，或是想在领导面前表现，或是想要升职、加薪。

如果这样的话，那么领导就会考察一下你的水平。如果你能力还行，他们或许会用你，但是他们还是会认为你是一个油腔滑调的人，即使要用也要防，因为他们怕你爬得太快，会爬到他们头上去。

如果你能力不行，又油腔滑调，那么他们就会认为你顶多也就是一个能说几句好听的话的人，不能大用，但要管着你不能生事。

由此看来，在职场说领导坏话万万不可，说好话也要适当，否则，好话说多了也会招惹麻烦，适得其反。

5. 少说话多做事才是职场“长寿”之道

坏话不能说，好话不能多说，由此看来想要在职场“长寿”，唯一的秘诀无外乎少说话，多做事。

毕竟职场是一个做事的地方，不是给谁表演口才的地方，更不是聚众聊天的地方，所以，不想被上司看做是夸夸其谈、浮躁不安的人，那么你最好埋头做事。

因为在职场说得再好都没有做出事来具有说服力，可能一百句费尽心思想出的话，都顶不上你做一点事。

要知道，领导和老板们是最现实的。他们最想要的就是成绩，只有成绩才能证明你自己，只有成绩才能加重你在他们心中的筹码。

或许有人会说，公司又不是我的，我拿多少工资就应该干多少活。干多了，那我岂不是吃亏了，老板又不会多发钱给我。

如果你也是这么想，那你就错了，为什么?

这就需要我们来讨论一下，作为一个职工，我们是应该先升职，还是应该先做事。不能否定一个在本职岗位上做不出成绩的人是很少升职的，一个只想升职而不愿做事的人，升职的可能性更小。

所以，如果你想升职，那就只有一个办法:先做事吧！事情做好了，做出了成绩，这就是你升职加薪的依据、根本和筹码。因为我们不能因为一时的职位低薪水少而自暴自弃，或是撞钟度日，而应该首先在较低的平台上做出较大的成绩。

或许在有些地方单靠溜须拍马阿谀奉承就能谋取一官半职，但是在业绩就是王道的职场要小聪明，投机取巧想获得好处或许你能够一时得逞，却不能靠此在职场长久地生存下去。

所以，想要在职场“长寿”，想要在职场越活越好，那么我们只能少说话多办事。只有先做好事情，我们才有升职加薪的可能。

案　例

徐德志的离职与陆飞的被降服让聂常光的心里终于有了底。刚刚将策划部拿下时，聂常光并没有对这个部门的长留抱太大希望，因为他知道陆飞与徐德志势必不会善罢甘休，一方面陆飞的话语权在公司不容小觑，他是不会让自己舒舒服服地接管策划部的。另一方面由于徐德志的存在，新编入的这些策划部员工也一定不会在自己的手下安稳工作，因为不管怎样，徐德志作为他们的老上司，已经逐渐地成为了他们的精神领袖，不管徐德志在哪，这些员工在工作时也总会抱着一种身在曹营心在汉的心态。所以说，聂常光慑于自己对策划部的掌控力以及这些员工对老上司的附着力等因素，在接手后根本没有对他们进行过有针对性的管理，只是让李薇薇带着他们协助自己完成新的网络市场项目。因为聂常光一直在担忧自己即使管了到最后也极有可能白管，而且如果管理方式不对难以服众的话,很可能会适得其反,这就是所谓的“强扭的瓜不甜”。

不过现在情况不同了，邱华文成功地抵挡住了陆飞的反扑，而且还来了个后发制人，由守转攻将其牢牢压制住。作为前策划部员工们的精神领袖，徐德志也已经离职，离得还不是那么光彩，这就使得这些员工们踏踏实实地投靠在了编辑部的旗下。现在聂常光当仁不让地成为了这些人的领袖，没有了任何阻力与干扰的聂常光终于决定将这批策划部的编外人员彻彻底底地“消化”进来。不过聂常光还是把主要精力放在了外部工作上，所以他知道要想归拢好这些新进的手下，就必须替自己找一个得力的管理者来带这批员工，而这个管理者的第一人选自然落在了李薇薇身上。这样一来，策划部的领导层虽然解决了，但是编辑部那边的问题又来了。聂常光担心李薇薇肩负两个部门的主管，再加上新项目的负责人会不会压力太大吃不消，所以为了避免“拆东墙补西墙”的情况出现，聂常光决定以策划部和新项目为重，让李薇薇暂时负责这两项工作。至于编辑部，由于是自己的根据地，虽然王伟还不能完全达到聂常光的要求，但还是将编辑部主管一职交给了他，等到网络市场这个项目完成后再做定夺。

聂常光在向李、王二人交代完工作后就又忙自己的手头工作。王伟当上编辑部主管后，虽然是临时的但也把他乐得够呛，王伟认为只要自己多当几天“和尚”就有机会多念几天的“经”，只要自己念得响亮点、好听点，到时候“老方丈”聂常光一高兴，自己能不能转正还不是他一句话的事。所以王伟再次制订起了自己的升职计划，这次他的策略就是不要求工作做好，但求赢得老板高兴。

在王伟高兴的同时，另有三个人也是异常地兴奋，这三位就是王伟的得力手下王金石、霍延光以及刘宇飞。王伟高兴是因为自己从编辑部的“三把手”升到了编辑部的老大，而这三个人高兴其实也是因为这件事，只不过因为看到了自己的发展机会而高兴。王伟升任主管后，那么编辑部的副主管自然就会空出来一个，现在孙宪超又跟着李薇薇去了策划部，这就等于编辑部现在是王伟一人独大，所以副主管的位置除了这三个人也就真的没有更为合适的人选了。三个候选人都看到了自己的机会，也同时看到了对方的威胁，所以在办公室里虽然表面上大家是一团和气，但实际上三个人都在暗中较劲。

三人当中自然要数刘宇飞能力最拔尖，不过根据王伟的选人原则，刘宇飞的机会在三人中是最小的，这点刘宇飞非常清楚，但是经过了几番起伏之后，刘宇飞也明白了自己之所以不受王伟青睐的原因正是应了那句老话——“枪打出头鸟”。事实证明“出头鸟”虽然总挨打，但是始终都会有人扮演，而这次的扮演者则由刘宇飞换成了王金石。其实按王金石之前的行事风格，他只要安安静静地躲在王伟的身后供其使唤，就会一人得道，鸡犬升天。聂常光经常跑外可以说已经把编辑部和策划部的大小事务完完全全地交给了王伟和李薇薇，所以说王伟在编辑部独大，而他身边的第一红人王金石一时膨胀也是在所难免的。

在挫折与重压下成长起来的刘宇飞可以说比经过李薇薇“温室培育”的孙宪超更顽强更具侵略性。刘宇飞看到了王金石的优势，他知道如果自己不使点手段的话就算王金石当不上这个副主管，自己的前面也还是有个霍延光。所以，刘宇飞决定破釜沉舟，如果这次再不能成功上位，那么与其在这个毫无机会的地方一直被人踩着，倒不如另谋高就。

光脚的不怕穿鞋的，已经豁出去的刘宇飞先是在与霍延光的交谈中对王伟是大加抱怨，渐渐的就把立场不太坚定的霍延光给感染了。看到霍延光已经站到了自己的这边与自己一起在王伟背后说他坏话，于是刘宇飞就把下一个目标对准了王金石，一开始当王金石听到刘宇飞与霍延光二人在自己面前说王伟的坏话时，感觉比骂自己还不自在，王金石也考虑过是不是应该把这件事告诉给王伟，不过他又转念一想，如果自己当上副主管，那么这不就是一次与两个下属拉近关系的机会吗？以后大家都是同一阵营的就不怕他们会对自己有什么不利了，于是王金石慢慢地也与刘宇飞二人"同流合污"了，就这样，三个人的对话记录由开始时的刘宇飞一人做引导变成了最后刘宇飞在一旁倾听另外两位大吐苦水，妄图用批判上司的方式来讨好对方。

刘宇飞将他们三人在网上的聊天记录做了一些有利于自己的删减后就放在了自己的电脑桌面上，因为他知道自从王伟上次不小心知道了自己骂过他，就经常趁自己不在找些借口翻查自己的电脑。果然如刘宇飞所料，王伟在刘宇飞的电脑里看到了自己三个手下的聊天记录。看过这些记录之后，王伟是又生气又害怕，他没想到平常对自己百依百顺的王金石和霍延光在背地里却对自己是恨之入骨，对于一向对自己就不是特别友善的刘宇飞，反倒没什么，这种在自己背后捅刀的人才是最可怕的，俗话说"明枪易躲，暗箭难防"，这样的话副主管一职也就有了明确的人选，而这个人就是刘宇飞。因为刘宇飞在王伟的心中就属于那支"明枪"，而且由于立场鲜明，能力不俗，这把"枪"即容易控制又为自己更好地分忧解难，至于另外两只"暗箭"，王伟真是又后悔又失望。他们俩虽说能力一般，但是最大的优点就是听话，对自己没有威胁。本来还想重用这两人成为自己的左右手，但是现在看来是自己被他们俩彻底地忽悠了。王金石与霍延光二人最大的资本被刘宇飞毁掉后，在竞争中自然而然地就从"热门"变成了"废柴"。

刘宇飞当上副主管后，一颗悬着的心算是放下了。最近王伟的心情也丝毫不比刘宇飞差上多少，随着李薇薇那边项目接近尾声，王伟越来越觉得这个编辑部的老大位置非自己莫属了，他的这种想法倒不是空穴来风，因为自从当上代理主管后，王伟就一直在聂常光面前溜须拍马，而他的这招确实见效，把聂常光哄的是乐乐呵呵，毕竟这个高帽子谁都爱戴，再加上最近从刘宇飞那受到些启发，不光在聂常光面前说尽好话，就算聂常光不在，王伟也要逢人便夸自己的这位聂主任，而且事后他都会想办法巧妙地让聂常光知道自己曾经在背后说过他的好话。聂常光当然知道他的目的是什么，不过毕竟是伸手不打笑脸人，而且王伟的这些殷勤表现也可以算是做下属的向上司表忠心。既然忠诚度够了，那么接下来聂常光就有意地考察了一下王伟在编辑部的办事能力，但是经过几次的考察过后，王伟除了还是一如既往地溜须拍马外，在工作方面却没有任何出彩的地方。其实这其中也不全怪王伟办事不利，只不过现在的王伟是在统领着A、B以及资深编辑三个组，这就需要在工作时三个小组相互配合，王伟亲自带出来的B组还好说，只是A组以及这些资深编辑之前就对不是同一派系的王伟不是特别地有好感，再加上不久前王伟那副无事献殷勤的下作嘴脸，更是惹得大家鄙视，而且对于他讨好上司的目的，也是司马昭之心路人皆知，这也使得一些本来就不服他的外组人员对他的敌意和嫉妒之心就更大了，所以对于聂常光下发的工作，这些人自然是不愿意多做配合。这样工作不能达标，王伟说再多的好话也是徒劳，这就叫做成也马屁，败也马屁。不过这些王伟并不知道，他只是单纯地从聂常光对自己的态度中洞察出这个主管位置自己是十拿九稳了。

再看李薇薇那边，虽然她也不知道自己这个代理主管能干多久，聂常光下一步的计划是什么，不过李薇薇却从来没往这方面想过，她只知道如果自己把这个项目拿下，那么之后的升官发财的机会就会要多少有多少。于是李薇薇一门心思地将全部精力放在了团队管理与工作上，果然功夫不负有心人，李薇薇通过自己的努力不但把刚刚收编的策划部管理得井井有条不说，还成功完成了这次网络运作。通过之前的一系列的炒作计划，使得这部网络作品家喻户晓，首印达到了50万册，这对于HW公司来说可是个特大喜讯，公司为此特地开了隆重的庆功会，在宴会上聂常光率领的团队可谓是出尽风头，而且这一众人的奖金待遇自不必说。

其实李薇薇之所以能这么出色地完成两项任务，跟孙宪超的帮助是分不开的。之前说过，李薇薇的工作特点是注重大局，方向感特别强，所以在具体执行这一块基本都是由孙宪超来完成。孙宪超知道要想领导起一个团队，首先就是要让大家有凝聚力，起码作为一个领导本身是不能出现任何偏袒的。所以在一些同事向自己抱怨李薇薇时，孙宪超既不苟同也不呵斥，当然更不会去向李薇薇打小报告，而是耐心地做一位倾听者。在同事们抱怨之后还会好言相劝。这样一来，这些策划部的同事们渐渐地对孙宪超有了新的认识，不再把他当成一个外派领导，而是把他当成了自己人，虽然大家都知道孙宪超从不拉帮结派，但大家都愿意向他靠拢。

网络策划项目已经圆满完成，李薇薇带着策划部的战友们载誉而归。在编辑部以及策划部的会议上，聂常光宣布：“从此取消编辑部同时取消策划部，从今天起我们的部门就叫编辑策划部，现有基层领导全部保留，两个部门合并成一个大部后，大部主管由李薇薇担任，副主管由孙宪超担任。”听到这个决定后，最郁闷的就要数王伟了，表面上看王伟成功守住了编辑部主管的位置，但实际上却是平地下降一级，由于孙宪超出色的工作表现，虽然没有王伟工作经验高，当然也没有王伟会说话，还是生生超越王伟，成为了这位编辑部元老的上司。

章后“一”问：

为什么刘宇飞要先把霍延光拉下水然后再去拉王金石？

释疑：这样一个一个的诱导他们说王伟的坏话看似没有“一窝端”来得省时省力，但实际上这是最有效而且成功几率最大的一种选择。三个竞争者原本的立场可以用 1:1:1代替，如果刘宇飞先“策反”霍延光的话，那么三个竞争者之间的形势就会变成 2:1，而如果刘宇飞两个人同时“策反”的话，那么结果就会变成 1:2，其难度与成功几率可想而知。

在策反顺序上也是有讲究的，霍延光对于王伟的忠诚度没有王金石高，所以策反难度会更低一些，而且王金石才是那只最受欢迎的“出头鸟”所以将他放在最后，这样的话等刘宇飞找到帮手后就更容易击破了，而且这样还可以避免过早地与其对抗，使处于中间地带的刘宇飞渔翁得利。

第十一章

与其和人争得你死我活，不如你活我也活

职场“蜗居”第十一条：把“你死我活”的悲剧变成“你活我也活”的喜剧。同事之间竞争要有度。都是同公司的人，相煎何太急！

历来社会上就有一个很有趣的现象，那就是在一个小团体的总体利益受到威胁时，小团体的成员们就会格外团结，一致对外，而且这时的团结所迸发出的力量相当巨大，可是一旦外界威胁消失了，那么团体内部的凝聚力也会随之消失，进而转化为团体内部斗争。

职场之上，各个公司和单位也是以一个个小团体的形式出现，当然，各单位也不能免俗。在公司总体运营正常的情况下，往往公司内部的斗争更加激烈，更加炙热。

但是，如果我们冷静下来想一想，一个小团体，有时为什么会突然受到了外界的威胁呢？公司为什么会突然要被竞争对手给击败呢？原因还在于公司内部的恶性竞争，从而导致公司整体实力的下滑，从而使得公司对外竞争力下降。

1. 你可以不为对手着想，但不可以不为公司着想

职场上的竞争可简单地分为两大类：一、不同单位之间的竞争。二、同一单位的竞争。对于第一种竞争一般都比较好对付，要么双赢，要么你死我活，而一般单位都会选择你赢我也赢的双赢模式，可是对于后一种竞争就要复杂很多。

对于单位外部竞争，它很明确地关系到单位的整体利益，所以无论公司职员还是公司领导都会不遗余力地参与，所以单位之间的竞争很容易解决，而一旦竞争发生在单位内部，竞争的双方就不会有那么好的大局意识了。

首先，在单位双方不仅牵涉到单位总体利益而且更关系到个人利益，而且这种个人利益非常明确，非常切身，因此也就非常激烈，非常尖锐。

其次，单位内部的竞争很容易会由公事上的竞争，转化为个人之间的矛盾，所以在个人情绪的激化下，公事竞争很容易会演变为个人对立，这样一来大家就很容易失去理智，从而把竞争变成矛盾。

所以说，单位内部的竞争一般比外部竞争更难调和，更难应对。鉴于此，笔者只能说，如果你不顾公司的整体利益，一味专注于个人利益，

那么别的单位或是企业就会有可乘之机,从而从外部威胁到单位的利益，这样一来单位整体利益受损，那么单位的每个成员就会跟着遭殃。

由此看来，作为一个职员，你可以不为竞争对手着想，也可以手下无情非要置对方于死地,但是你必须替单位整体利益想想。你必须明确，当你打倒对方后，自己是否就能够高枕无忧，如果打倒对方自己也跟着遭殃，那么这种蠢事最好还是不要做。

2. 别人与你之间的矛盾并非出于他们的本意

在职场，每个人都有自己的立场，都有自己的利益空间。没有人初入职场就是为了与谁过不去，或是闹矛盾，而是因为我们身处的环境决定了我们之间的矛盾，而非出于我们的本意。

这也就是说，职场上的职员之间原本没有竞争，也没有矛盾，只是我们所处的环境和职场氛围决定了我们之间必定充满了竞争。

很多职场上的人总是觉得同事们总对自己虎视眈眈，恨不得随时随处抓自己的小辫子，给自己穿小鞋，扳倒自己，为他们的晋升扫除障碍。

但是不知道有些人是否发现了这么一个现象，原本在单位争得你死我活的两个同事，一旦一方跳槽到另外一家公司，或是一方离职，那么两人日后再次见面就会很容易冰释前嫌，甚至会成为好朋友，相互扶持，相互合作。

其实这就是因为两人立场发生了变化，两人的利益不再针锋相对，所以两人也就没有了对立的理由了,毕竟能够在一起共事就是一种缘分。

而在两人同处一家单位时，虽然双方在表面上都在刻意维持这种友好，但是内心里彼此却是相互排斥的、对立的。而一旦职场的作用力消失了，双方之间没有了利益冲突，那么两人之间的友情就压倒了对立，开始占上风，因此两人的关系也开始好转。

由此看来，虽然在职场之上同事们之间可能充满竞争和钩心斗角，或者有些人总是看你不顺眼，再或者总是有人找你麻烦，但是这些都非出自谁的本意，更非是个人矛盾，而是所处的场合决定了同事们之间的这种充满了竞争和合作的关系。

3. 如果你准备树倒猢狲散，那么你就向你的同事开炮吧

明白了同事间的竞争是职场这个特定环境的衍生物，或许有些人就明白了同事之间竞争的本质了，它不过是职位与职位之间的竞争和撞击，而非哪两个人之间的矛盾或竞争，这就说明了，无论哪两个人，只要他们处在两个利益存在冲突的位置上，那么他们之间就必然会存在竞争和矛盾。

所以，只要我们处在公司的某个职位上，那么我们必然会面临与同事间的矛盾和竞争，因此，我们就没有必要为此而烦恼或是大惊小怪。我们所有考虑就是应该选择什么样的竞争方式，是友好还是无情。

友好的竞争或许能够带来双赢，但是却不能为我们除去竞争的隐患，不能把对方从我们的世界里踢出。所以有些人就会选择无情地打击对方，甚至怀揣不是你死就是我活的敌对情绪与对方较量。

这种恶意的竞争，或许能够帮助我们彻底打倒一个竞争对手，使之永远无法翻身。但是我们必须明白，职场同事间的竞争不是个人之间的恩怨，而是职位之间的竞争。只要有新人继任他们的职位，那么我们还将面临新的对手，我们还将面临源源不断的竞争和矛盾。

两种竞争的结果虽然都不能帮助我们彻底打垮对方，但是却可能会给我们带来不同的影响。前者在保证两个职位不换人的情况下实现利益上的双赢，从而保障公司的正常运营，而后者则可能会使两人矛盾激化，从而有损公司整体利益。一旦公司有失，那么我们也就只能树倒猢狲散。

4. 不想就此散伙，那你最好选择双赢

竞争不只有一种方式，也非只有一种结果，单赢的竞争模式在市场经济时代已经越来越不能适应时代的要求，而双赢模式的竞争已经成了

社会上企业的长盛不衰之道。

同理，在职场与其用单赢的方法来赢得同事间的竞争，不如用双赢来维持同事间的合作。只有把同事间的利益紧紧地系在一起，同事们之间才能产生更多的凝聚力，减少更多同事间的摩擦。

因此，企业面临外部竞争和威胁对于一个公司来说更是一种崛起的机会，更是一个很好地凝聚员工的源头。因为一旦公司面对外界压力，那么职工们就会把更多的精力放在对方外力方面，这样一来，公司内耗的就会相对减少，这对公司来说就是一种赢利。

所以说，每一个不想公司散伙、大家共奔前程的员工，都会选择双赢的竞争模式。因为只有双赢，公司才会在员工间的竞争合作中逐步发展壮大，员工们才能有一个更好的发展平台。

而单赢的竞争模式，无论竞争的双方谁会赢，对公司来讲都是一种损失，因为一方胜出就意味着公司损失了一个“干将”，就意味着公司还得重新培养人才，顶替落马的失败者。

由此看来，每一个不希望公司散伙的员工，都应该选择双赢的竞争模式。

5. 如果你还坚持用打倒对方获胜，那你就 OUT 了

在职场打天下，敢于“人挡杀人，神挡杀神”是一种魄力，但是谁又能说这不是一种匹夫之勇呢？要知道在职场之上，人与人之间原本没有矛盾，只是因为大家都抱有相同的职业梦想，从而导致了同事们之间的矛盾丛生。

既然知道是职场氛围使然，那么打倒对方，扫除对方，都不过是治标不治本的获胜方式，也是一些人的无奈之举。只有保持头脑冷静，决断明智，我们才能把存在于同事间的阻力变成助力，从而实现共同获利。

俗话说，杀敌一万自损三千。真正的职场高手在乎的不仅是对手损失了什么，还有自己损失了什么，得到了什么。因为在职场，保存实力才是生存的基础，是获取更多的前提。所以如果你还坚持用打倒对方的

方式获胜，那你就 OUT 了。

首先，通过击倒对方获胜，你可能最终什么都得不到。

大多数情况下，你的对手并不是你们共同目标的守护者，而是你的竞争者，打倒他你并不一定能够实现目的。相反你对他们所采取的一切打击方式，反而会让单位领导们认为你做事不够和谐，不能团结同事，共同进步，从而产生对你的反感。这样一来你的举动非但不能帮你，反而会让你什么都得不到。

其次，打倒对方还有可能会让你损失更多。

永远不要认为，办公室里只有一对矛盾，也不要认为你的对手只有一个。在你和某一同事争得不可开交的时候，看热闹的人并非只是在看热闹，他们可能是在等待一个机会，趁机拿下你们两个来充实壮大自己。这样一来你费时费力打击对方得到的结果却是螳螂捕蝉黄雀在后。

所以说，如果你还坚持用打倒对方的方式来获胜，那么你不仅 OUT 了，还可能已经身处险境了。

案　例

待编辑策划部的工作完全步入正轨后，李薇薇就把内部事务完全交给了孙宪超，自己则全身心地投入到了网络市场拓展这个项目上，因为李薇薇从之前创造的首印 50 万这个数字上看到了图书出版在网络市场中的巨大潜力，所以抽调策划部的一些精英以及之前发行部的"外援"开始重新寻找新的项目。这样，在李薇薇的带领下，网络市场拓展的很多新项目已经初见端倪，而编辑策划部那边在王伟、刘宇飞等一干人的协助下，孙宪超也把工作安排得井井有条。

就在大家都认为编辑策划部会一直按照这个速度稳定地发展下去的时候，一个人的出现却打乱了他们前进的脚步，这个人就是发行部主任韩玉。其实整个 HW 公司不光只有李薇薇一人看到了网络市场的甜头，其他人就算没有从这个"50 万"得到什么好处，但也同样"嗅"出了一些信息，而这些信息告诉他们的就是："向网络进军才是王道。"不过这些人就算知道了这点也没用，因为负责的领域不同，这些人也只能是羡慕加嫉妒地在一旁看着编辑策划部的人出风头。但是，韩玉却不一样，他身为发行部的主任，市场方面本来就应该由他负责，之前由于策划方案做得没有人家好，让聂常光独占鳌头他没话可说，可是现在情况就不一样了，随着之前项目的结束，作为发行部完全有理由将市场拓展纳入职责范围内，而且目前的状况是李薇薇正在占用着韩玉的人力资源为自己工作谋利益，这对于一向在得失方面毫厘必争的韩玉是绝对不能接受的，所以现在的工作安排使他的心里特别不平衡，韩玉认为市场拓展项目不论她李薇薇做得有多成功或者多成熟，这些东西都应该属于自己，别人再也休想插足一根脚趾头。

于是带有一定情绪的韩玉分别找了邱华文、韩云龙、聂常光，向他们提出了自己的意见或者说是命令，大概的内容就是："让编辑策划部立刻将发行部的人员归还给发行部，而且撤出现在网络市场，将项目全权交由发行部负责。"而韩玉之所以能这么理直气壮地说出这些话来，其原因无非就是职责划分问题，他认为发行部负责市场工作理所应当，而至于你们编辑策划部还是老老实实的搞文字创作吧。

当聂常光与邱华文听到韩玉的这些偏执言论后，都感觉他很傻很天真，丝毫没有把他的话当回事。不过当韩云龙听完韩玉的想法后，除了责怪他太冲动不该先找那两个死对头挑明立场外，倒是对他的这个想法非常赞同，但是韩云龙告诉韩玉不能把这些想法当成命令，而是把它当成下一步的战略目标，按照计划去一步一步完成。否则这样直接要求对方按照自己的要求去做，不但徒劳无功而且还容易引起冲突。

不过韩玉对韩云龙的这番话却不以为然，他认为现在时间紧迫，如果再不强硬地向聂常光施压的话，那么李薇薇就会随时都有可能再立新功。到那时候，所有人都会认为市场拓展工作非李薇薇莫属，这样一来，自己夺回网络市场控制权的机会将会更加渺茫。所以韩玉认为这场"网络市场争夺战"迫在眉睫，不成功便成仁。

韩玉在与聂常光多次交涉未果过后，终于忍无可忍，在自己的发行部也建立了一个网络市场拓展小组。对于韩玉的这一举动公司上下都没什么好说的，因为毕竟韩玉有权力插足网络市场，在小组创建完毕后，韩玉又以发行部外派人员任务已经完成为由将留在李薇薇那里的几个手下召了回来。韩玉的一些系列举动合情合理，不过任何人都能看得出来韩玉这是要与聂常光分庭抗礼，市场争夺战不是你死就是我亡。

但是聂常光可不这么认为，当李薇薇由于人手突然撤出使得工作受阻向他反映情况时，聂常光却告诉李薇薇：“绝对不能与韩玉正面对峙，要想尽一切办法达到双赢的效果，既要稳住韩玉又不能使编辑策划部再受到什么损失，必要时可以主动向韩玉寻求合作。”交代完这些后聂常光又忙自己的工作，李薇薇只能无奈地独自面对所有问题。看得出来聂常光在这时候又要做“甩手掌柜”，李薇薇对自己的这个上司也多少有些不满，她不明白的是还有什么工作比现在维护自己利益还重要吗？

接下来的角色形成了对调，之前是韩玉主动找编辑策划部沟通，现在是李薇薇经常跑去发行部那边主动提出合作意向。不过由于之前韩玉在聂常光那受了一肚子气，再加上新业务一开展手头上就来了几个新项目，所以现在的韩玉趾高气扬得很。对于李薇薇的主动求和根本不予理睬。李薇薇在多次沟通未果后，也终于失去了耐心，决定回去重新组建一支队伍同发行部顽抗到底。

其实对于编辑策划部与发行部的网络市场之争，HW公司的高管们也早有耳闻，只不过他们并不打算插手这件事。网络市场潜力巨大，两个部门同时挖掘总好过一个部门单干。虽然邱华文比较偏袒聂常光，而韩玉又是韩云龙的人，但手心手背都是肉，这些人包括韩云龙在内终归都是自己的部下，为自己效力。现在自己的两个手下无论出于什么目的，实质上都是争着抢着为公司谋取利益，除非自己跟钱有仇，要不然绝对不会阻碍自己的部下为自己拼命赚钱。所以对于两个部门的相互竞争，只要是不有损公司利益，对于聂常光与韩玉或者说是李薇薇与韩玉之间的争斗，HW公司的高管们也是睁一只眼闭一只眼，只做调解不做审判。

高管们的这种放任态度其实对韩玉最有利，毕竟姜还是老的辣，跑市场出身的韩玉无论是市场开发经验还是人际关系又或者是沟通技巧都要好过文案出身的李薇薇，所以工作刚刚开展了一段时间就立刻赶上了李薇薇，如果一直按照这个态势发展下去的话，在网络市场这个领域李薇薇就将变成第二个徐德志，而吞并他的人就是韩玉。韩玉早就料到李薇薇根本不是自己的对手，要说搞策划、编稿件自己可能不是李薇薇的对手，但是跑市场这是自己的强项，李薇薇在没有专业市场调查的情况下就敢跟自己这个老江湖对抗，这种做法就是以卵击石。

李薇薇看到自己的网络市场组明显处于下风，大有一蹶不振之势也是非常焦急，这时候一向要强的李薇薇也不得不承认自己没有坚持聂常光的嘱托，必要时刻要与韩玉合作。正是因为自己的草率宣战，才使得自己完全陷入了被动局面，如果当初李薇薇能够多坚持一下，或者在合作条件上做出让步的话，那么出现在李薇薇面前的将会是另一种结果。正当李薇薇惋惜不已时，奇迹却发生了，韩玉居然主动找到李薇薇要与之合作，共同为HW公司开拓出更大的网络市场。

李薇薇对此当然有所防备，不过在问了韩玉合作原因后，李薇薇也就彻底放心了，因为韩玉的理由就是发行部没有市场策划而策划部没有市场调查，所以与其各自守着短板耽误时间，浪费资源，倒不如强强联合，取长补短。

对于韩玉与李薇薇的合作，最高兴的就要属公司的高管们了，这样不仅可以为自己省去不少解决纠纷的麻烦，而且按照两个部门现在的局势来看，合作之后的两个部门一定会是个“1+1 ≥ 2”的局面。所以对于韩玉的意见，公司的管理层也是举双手支持。

双方合作之初确实都按照之前的计划相互穿插成员，不过渐渐地情况却发生了变化，由于之前韩玉已经把李薇薇的市场份额掠夺得所剩无几，所以李薇薇手中除了开始时的那部网络作品的后续工作以及慕“首印50万”之名而来的客户外，根本就没有新的策划项目了，而李薇薇手头的这些项目又都是已经策划好的，只等着具体实施，这样韩玉跑业务的发行部就有了用武之地，在牢牢地掌握了李薇薇手中的这点资源后，包括李薇薇在内的这些无所事事的策划们则逐渐地被韩玉边缘化了。其实这些策划们的无所事事也是韩玉的有意安排，就连这次的合作也是韩玉吞掉李薇薇计划中的重要一步。

原来当韩玉一点一点地将李薇薇逼到悬崖边上时，则试图发起过几次总攻，就是把李薇薇手中的网络市场资源统统抢走，结果却发现总是无功而返，不得要领的韩玉事后总结出了其中的原因，这个原因无非就是李薇薇当时第一炮打得太红太响，使得很多合作伙伴都认为李薇薇就是一棵“摇钱树”，跟她合作只会盈不会亏。在实际成绩面前，就算韩玉再会游说再有手腕也是无济于事。所以韩玉想出了明抢不成就暗夺的计策，将李薇薇彻底“消灭”。

两人合作后，李薇薇的项目自然就是韩玉的项目，而只要韩玉耍点手腕，那么自己的项目自然不会落入他人之手。把李薇薇成功踢出局之后，韩玉把矛头直接对准了聂常光，他决定在下次公司例会上用事实说话，告诉大家现在聂常光的网络市场拓展已经没有市场给他拓展了，所以聂常光设置的这个小组现在是完全多余的。而自己才应该是网络市场的全权负责人。

一向谨慎小心的李薇薇这次也算得上是“阴沟翻船”了，当她向聂常光做了一番检讨后，询问是否现在撤出时，等到的却是聂常光坚定的否决，聂常光让李薇薇在例会之前继续留任网络市场组，就算无所事事也要坚守阵地。李薇薇被这个命令弄得有点莫名其妙：“难道是自己辜负了聂主任的希望，所以让自己继续留任自取其辱受惩罚吗？”不过不管怎么说，李薇薇还是听了聂常光的话留在了韩玉的队伍里。

在例会那天，韩玉在韩云龙的支持下提出了将网络市场独占的想法，他的这个提议也受到了大多数管理层的支持，因为这些人都感觉到了来自编辑策划部的压力。如果让编辑策划部一直这样扩大下去的话，那么自己的利益势必会受到威胁，所以打算把策划部削弱一些，这样会让人更有安全感。就算发行部在这中间占了什么便宜，以他们的实力也不会对自己构成什么威胁。正所谓“鼓破众人擂，树倒猢狲散”，在讨论韩玉的提议时，有越来越多的人抱着势力平衡的目的加入到了支持者的队伍中，而这其中的一个原因就是这个“破鼓”的主人聂常光到现在还没有出现在会议室内，大家看到聂常光的座位空着，都认为他是不愿意接受这个现实，所以没有出席会议，有这样打压一直风光无比的编辑策划部的机会大家自然不会放过。

就在邱华文抵挡不住大多数人的呼声准备妥协时，会议室的门被推开了，走进来的是聂常光，这让一开始还在叫嚣的人们顿时鸦雀无声，而在聂常光身后出现的人更是把大家惊得目瞪口呆，这个人就是被 HW 公司开除的徐德志。在经过聂常光的一番介绍之后，大家知道了徐德志现在的身份，徐德志现在是国内一家大型的门户网站的首席策划组成员，聂常光经过长时间的说服，终于使徐德志答应向自己的网站公司提议与HW公司合作，而对于这次合作，这家网站也表示出了极大的兴趣，原因还是李薇薇之前的“首印50万”声势太猛。所以今天的徐德志则是以一个公司使者的身份来向HW公司提出合作意向的。徐德志所在的这个门户网站在国内位置举足轻重，可以说这次送上门来的合作机会是HW公司想都不敢想的，所以对于合作意向自然会欣然接受。

明白了徐德志的来意，韩玉在心里都乐开了花，他琢磨着之前聂常光与徐德志的不合再加上自己和徐德志还算有点交情，现在网络市场工作自己又是十拿九稳，所以徐德志的到来不就等于是为自己立大功而创造机会吗，于是赶忙起身，装作一副与老朋友久别重逢的姿态与徐德志寒暄了一阵，然后话锋一转说道：“徐主任，由你做负责人再加上我们俩之前的交情，相信这次合作一定会大获成功！”

徐德志听完后笑着回答道：“韩主任，我想你是误会了，公司这次派我来除了与贵公司商定一下合作事宜外，我的合作对象应该是聂主任。”

徐德志的这句话不仅惊呆了韩玉，也同时惊呆了会议室在座的每一个人，徐德志在HW时与聂常光闹得不可开交那是有目共睹的，而且徐德志在当选大事业部经理时也得到了韩玉的大力支持。另一方面大家都相信聂常光根本没有那么大的影响力，会让一家这么大的网络公司点名要求与之合作，公司只会对公司，个人才会瞄准个人，所以徐德志竟然会回头帮助自己“宿敌”的举动让大家特别难以理解。

徐德志看出了大家的不满，于是接着说道：“我之所以点名要找聂主任合作，一方面是因为最先找我商讨合作的就是聂主任，而且贵公司的市场神话——首印50万也是聂主任创造的。而另一方面也是最重要的一方面就是聂主任在公司的地位以及他的能力。”说到这里徐德志有意地看了一眼坐在上首的邱华文，接着说道：“我们要的是一个在公司有绝对话语权并且可以得到足够多支持的负责人，这样才会使我们合作起来更加直接，更加省时省力。”

听到徐德志的话后，韩玉立刻插嘴道：“你说的支持与话语权现在在我的手里，因为徐主任你有所不知，现在公司内的网络市场项目都是由我负责，而今天的这个会议安排就是商议取消聂常光对网络市场这一块的控制权。”

徐德志不以为然地看了看韩玉继续说道：“公司派我来负责这次合作，就是看中了我对HW公司的了解，而我也会根据我的了解选择出更有实力的一个合作人，这个人就是聂常光，我说的是综合实力，他以及他的团队所创造的成绩相信大家都是有目共睹的吧！”

“可是他现在成了光杆司令，我抢了他所有的业务！”韩玉抢功心切，一时口快说漏了嘴。他的话一说出口，顿时引来其他人的侧目。

“这就是我接下来要强调，也同样是我们公司的提议，那就是在与贵公司合作的过程中，我们希望在不出意外的情况下只由聂常光一人负责，这样既可以避免不必要的冲突，保证了效率，也可以减少内耗所带来的损失。”徐德志说到这里，一直在身后默默无闻的聂常光拿着一份报告走了上来，接着说道：“这是我对这一段时间两个部门同时负责网络市场前后的数据调查，不用我说，相信在座的每一位都能从报告上看出，由于韩主任求胜心切以及不道德的争抢业务，导致了大量业务的流失，这些潜在的或已经成型的损失可以说是不可估量的。”

韩玉看到领导们向自己投来愤怒的目光，一时吓得不知说什么好，于是抬起手，指着徐德志大声问道：“你忘了他之前是怎么对你的了，你怎么还要认贼作父。”

徐德志鄙夷地看了韩玉一眼说道：“我们都是在职场打拼了多年的人了，请你专业一点，职场没有永远的仇人，只有永远的利益，抛开之前的利益不谈，其实我和聂常光之间什么恩怨都没有，现在我们谈的是合作，要的是双赢。如果你认为一旦出现矛盾就要一辈子拼得你死我活的话，那只能说明你太肤浅了。好了，既然贵公司在开会，我也不方便打扰了，我只想再重申一下，我们只跟既能开拓市场又能管理市场并且还能获得足够多的资源支持的人合作，这并不是为了某个人，而是为了双方的利益共赢。”说完后徐德志抽身离开。

最终在会议上讨论出的结果就是由聂常光负责现有的这批网络市场

拓展组的成员，韩玉回到发行部再不许插手网络市场方面工作。

章后“一”问：

为什么聂常光早有准备，却没有事先告诉李薇薇？

释疑：聂常光是想把戏演得真实一些，自己做导演，而演员李薇薇在不知情的情况下才能将戏演得最为逼真。这样才能让韩玉掉以轻心，最后出奇制胜。

在职场中，有制定计谋的人，就有实施计谋的人。最成功的计谋就是不到最后时刻谁都不知道你在做的是什么。

第十二章

不要抱怨别人埋没了你的才能，而要想想为什么你的才能被埋没了

职场“蜗居”第十二条：职场之上，人人都想发光，人人都想被众人瞩目。如果你不能发光，那你就要首先检查一下自己到底是金子还是“凤姐”。

很多事情并非我们看到的是什么样就是什么样，相反，很多我们习以为常的东西，都很可能是别人用心经营的结果。

有些人总是单纯地认为很多事情都不过是自然而然，都不过是你刚好路过，刚好碰巧。然而世界上哪有那么多的刚好，哪有那么多的碰巧，相反很多意外的邂逅，很多自然而然的事情并非发生得那么单纯，这职场也是一样。

我们所看到的并非就是事实，没有看到的也并非不是事实，现实就是这么奇妙，因为有人，所以我们所遇到的一切都不只是一种巧合，而是一种经营。

所以如果你希望自己能够像千里马一样被领导发现，那么你除了需要给自己一个准确的定位之外，你还需要用心经营，让你在领导的世界里出现，变成一种自然。

1. 领导只善于发现成绩，而不善于发现人才

在职场没有一个人不希望能够成为领导眼中的红人，没有一个人不希望得到领导的垂青，因为领导的垂青代表的不仅仅是一种人与人之间的好感，它还意味着领导手中的权力所能带给你的好处。

所以，身处职场的大多人都希望能够在领导眼前大显身手，从而“吸引”住领导，让他们对你“情有独钟”，于是有些人在领导视察的时候努力工作；在领导苦闷的时候及时献策；在领导开心的时候逢迎拍马……

这些做法虽然能够赢得领导暂时的欢心，但是，这些表现远不能吸引住领导们的“慧眼”。因为，领导们并非个个都是伯乐，并非都能一眼辨出千里马，但是每一个领导都善于发现业绩，每一个领导都看重业绩。

因此，如果你想要进入领导的“法眼”，那么光鲜的外表、高的学历都不足以让你成为领导眼中的红人，相反一个能做事、有业绩的人，永远都是领导们“情有独钟”的对象。

虽然如此，你也千万不要单纯地认为，领导们注重下属的业绩，是要提拔下属，给有能力的人升职的机会。如果你这么想，那么你很快就会成为被领导利用的对象。

要知道，在这个世界上没有无缘无故的好感，领导们之所以善于发

现业绩，那是因为他们需要发现能够做出业绩的人来夯实自己在公司安身立命的基础，他们需要有能力的人帮助自己巩固地位。

所以说领导们并不善于发现人才，甚至可以说他们对人才并不感兴趣，他们所看重的是人才是否能够做出成绩。在他们看来，能做出成绩的人才叫人才，不能做出业绩的人是蠢材。

2. 领导在罩着你的同时也掩盖住了你的光芒

不能否定，因为领导的职权便利，很多人都希望自己能够有朝一日找到一位领导做“靠山”，用他们来“罩着”自己，以免自己在职场纷争中吃亏。殊不知，你在找领导罩着的同时，他们既可以帮你挡住麻烦，也会挡住你的光芒。

众所周知，领导之所以能够成为领导，还是要靠业绩的。如果做不出成绩，那么在“唯利是图”的老板眼中，要这样的领导是无用的，是没有价值的，那么这样的领导肯定也是当不长久的。

因此，每个做领导的人都很清楚自己的职责，都很明白在老板面前只有业绩和效益最有说服力。所以，没有一个领导不希望找到一个得力干将做自己的手下，为自己“建功立业”，帮助自己坐稳现在的职位。

鉴于此，一旦一个领导发现了一个得力干将，那么他们最先想到的不是对方将来的发展前途，而是他们能否为自己的升职、加薪添砖加瓦。如果对方能够为我所用，那么，这样的“干将”一旦被笼络住，就不会有一个领导愿意轻易放手。

而一旦被一个领导握在手里，那么这样的人才也就等于被限制住了发展的机会。对方不放人，你就没有更多的机会自主地去做一些想做的事情，这样一来，你就只能为他们的晋升铺路，从而牺牲了自己露头的机会。

3. 如果你只是“凤姐”，那你最好“藏起来”

能够成为领导手下的得力干将虽然可能会尴尬好一段时间，但是如果你压根就没有什么真本事，那么你要做的就不是秀自己，而是要想方设法地把自己“藏起来”。

职场上能够“长命”的人并非个个都很聪明，相反看似很笨，或是实际上没有什么真本事的人也并非“短命鬼”，关键就要看你是否善“藏”。

有能力的把自己的光芒亮出来，虽然很容易成为领导们青睐的对象，但也容易成为众人羡慕、嫉妒甚至打击的对象。

相反对于一些原本没有真本事的人来讲，虽然他们不会成为领导们“争抢”的对象，但也不会成为领导们限制的对象，更不会成为同事们嫉妒和排挤的对象。

所以，在职场，与真正牛×的人相比，没什么真本事的人反而更安全，更自由，更具有发挥自己的空间。由于能力有限，做不出什么真正出色的事情，所以，笨人在平时最应该做的就是把自己“藏”起来，这样大家虽然看不到他们的长处，更看不到他们的“短处”。

这样一来对笨人来讲，不露马脚，不出差错，就可以避开很多没必要的纷争。无作为反而成了他们在职场竞争的混乱局势中“长命百岁”的制胜之道，要知道能够笑到最后，本身就是一种胜利。

所以，如果你是“凤姐”，那么“藏起来”就是你的职场生存之道，否则，你将被人看到更多的不是优点而是缺点。

4. 如果没有真本事，红了也只会成为反面教材

在职场，领导们最喜欢抓的典型有两种，一种是正面典型，起表率作用，一种是反面典型，起惩戒作用。如果你没有真本事，那你最好老实一些，否则既没本事又不安分，那么你最终只会沦为反面教材。

首先，我们不能否定，在人才济济的职场之上，没有真才实学本身就不是一件值得宣扬的事情。没有本事却又不安守本分，只会把自己的无能成倍地放大，让更多的人知道自己的无能。

其次，虽然说大智若愚，但是这种“愚”只是一种表现，装“愚”的人可以在表象的掩饰下做到从容镇定。可是如果是一个愚者去装成一个智者，这简直是一件非常可怕的事情。

因为装成智者，大家就可能会把你想得远比你所装出来的更智慧，那么大家就会把很多需要智慧才能完成的事情推给你来做，一来是试探你的真本事，二来是故意刁难你，三是证明你名不副实。

这样一来装成智者不仅不能帮你赢得尊重，反而会给你招惹更多的麻烦，从而使你露馅的几率大增。而一旦你露馅了，那你就糗大了，就成了反面教材了。

虽然成为反面教材也是一种知名度，也是一种“红”，可是这种“红”远远没有成为正面教材的那种“红”来得让人惬意。

正面的红人虽然会遭人嫉妒、刁难，但是腹中有真东西就不怕试探，刁难越多越能展现一个人的才华；而负面的红人不仅会被公司请出大门，而且还会贻笑大方，成为大家平时挖苦别人、讽刺别人时常常提及的“楷模”。

5. 被人掖着藏着的金子想要发光的确不容易

之前我们已经说过，有些领导一旦挖到得力干将，就会想尽办法把这些人掖在自己的羽翼之下，听从自己的安排，服从自己的命令，为自己晋升做铺垫，这样一来，一个原本比某些领导更有能力的牛人就这么被埋没了。

作为这样的一群人，你该怎么办？

干脆一走了之，到别的公司重新开始。如果你选择这么干，那你就等于在无声地向领导宣布要与之决裂。只不过你的这种做法并不能对他造成多大的影响，因为你走了，他们可以找到其他人来顶替你的角色。

但是对你自己来讲，除了积累了一些职场经验，你之前在这家单位所做的一切努力都将化为乌有。跳到别的公司你还得重新开始，而且到了另外一个公司你可能还会遇到同样的问题，所以你不能就这样一走了之。

这时你可以选择多出头，不过这种出头不是出风头，而是要告诉同事们，某某领导对你很照顾，从而引起大家对这位领导的不满，让大家觉得该领导对你太偏心，从而从舆论上给对方压力，让对方逐渐对你放手，这样一来你就可以获得相对的自由。

获得了自由你就拥有了表现自己的机会，这样一来凭借你的真本事，你很快就能成为同事们当中的佼佼者。让老板看到你的真实能力，从而改变自己一直黯淡无光的职场生涯。

案　例

邱华文这天将韩云龙叫到了自己的办公室，开门见山地跟他谈起了自己将再次把策划、编辑、发行合并为事业部的想法。当韩云龙明白了邱华文的意思后，立刻提出了反对意见，因为他知道如果这个想法被落实的话，那么按照之前的惯例，部门经理一定会在聂常光与韩玉两人之间产生的。就目前这个状况来看，聂常光大权在握，风光无限，而韩玉则是仅仅靠着发行部这根救命稻草勉强立足，所以在双方实力相差悬殊的情况下，胜利的天平势必会完全向聂常光倾斜。

就像韩云龙知道邱华文打算做什么一样，邱华文对韩玉龙的想法也是了如指掌，所以话锋一转说道："如果这次事业部成立，我将不准备在原有的成员中选拔经理，因为上次徐德志已经给了我们一次教训，为了避免内部矛盾的发生，我准备在公司的几个副总中挑选一个人管理事业部，这样既有威信又懂得管理，相信一定可以服众。"

韩云龙听完之后有点不相信，于是他决定试探邱华文一下："邱总，既然要从公司的高管中挑选的话，那不如您直接接管好了。"

"我不行，我太忙了。"

"既然这样的话，那倒就让聂常光当这个经理吧，他办事能力没得说，对事业部的工作非常熟悉，相信大家都不会反对的。"

"聂常光就更不行了，他现在比我还忙，而且我在短时间内也不准备再升他了，否则的话都成领导了，以后公司的活谁来干。所以这个经理职位的首选还是公司的管理层，而且这个事我只跟你一个人说了，你回去再好好地斟酌一下吧。”说完这些话后，邱华文意味深长地看了看韩云龙。韩云龙走出邱华文的办公室时就记住了一件事情——“邱总准备选事业部经理，这件事就和我一个人说了。”

在下一次例会上，邱华文正式向公司所有领导递交了再次成立事业部的提案，理由也相当充分，就是为了三个部门步调一致，减少冲突，提高效率。开始时这些管理者们也都跟韩云龙的想法一下，认为这一定又是邱华文送给聂常光的升迁机会，所以一致反对。不过当得知邱华文这次的选人计划后，这些人仿佛看到了块大肥肉正在送往自己的嘴边，所以立刻改变了自己的态度，全面支持起邱华文成立事业部的提案。

邱华文见自己的提议已经全票通过，接下来要做的就是确定事业部经理由谁来当，邱华文先是让这些副总们毛遂自荐，结果可想而知，大家谁也不服谁，由刚开始的相互反对逐渐地演变成了相互拆台，而坐在一旁的韩云龙却含笑不语一直没有发表任何意见，因为他知道，这只不过是邱华文为自己的出场安排的一出戏。

待这些人争得筋疲力尽却毫无结果时，邱华文有点愠怒道：“既然大家讨论得没有任何进展，那么我向大家提供一个人选，让大家参考参考，这个人就是韩云龙，主管人事部的韩总无论是办事能力还是管理经验或者是在公司内的威望都可以获得公司内每个员工的认可，所以我认为选事业部经理应该算韩云龙一个。”

韩云龙知道这是邱华文在公开支持自己，正待他起身准备做一次就职前的演讲时，突然有好几位公司平级副总同时站出来反对，这些人在听到邱华文对韩云龙能力的赏识时心里非常不服气，再加上老总的公开提拔，所以这些副总们由嫉生恨将矛头一致对准了韩云龙，使刚刚平息的公司例会再次变成了批判大会,只不过这次不再是群雄混战,而是大家同盟“群殴”韩云龙。将韩云龙批得体无完肤后，会议室再次陷入了平静，不过在座的每一个副总的立场还是非常坚定的，那就是除了自己，任何副总接管事业部都不行。

邱华文看到会议陷入了僵局，非常生气而又无奈地说道：“让你们毛遂自荐，你们相互拆台，我给你们提供人选，你们又不接纳，机会放在你们面前，没人知道珍惜，那就别怪我独断专行了，既然事业部已经敲定，总不能让你们这些老总们轮流站岗吧，我再问最后一次，谁愿意当这个事业部经理？”

邱华文话音未落，坐在大会议桌下游的一位低级领导突然站起身来大声说道：“我愿意！”这个人就是聂常光。待这些老总们还要惯性地反对时，邱华文把怒眉一竖，斩钉截铁地说道：“既然我的老总们难以服众，那这个位置只好交给事业部内部人员了，这也算肥水不流外人田了。”说完这些后，邱华文又给聂常光下了几道看似严厉其实只是唬唬人的军令状，表明一下自己对这次安排毫不知情的立场。

事到如今韩云龙才知道自己被邱华文当枪使了，这次安排一定是邱华文和聂常光早就商量好的，不过现在聂常光风头正劲，如果再让他当事业部经理的话，一定会招致众人打压，就像自己现在这个样子。所以邱华文才把自己骗了出来，当了这个出头鸟，在吸引完火力之后，聂常光再从自己身后跳出来坐享渔翁之利。韩云龙想到这里在大骂邱华文与聂常光狼狈为奸、太阴损的同时也进行了反思：“如果当时自己有点自知之明也就不会成替死鬼了，而且如果没有自己在前面挡子弹，邱华文的计划也不会得逞。”

其实韩云龙在事后想的还是非常正确的,在陆飞的势力大不如前后，韩云龙成了邱华文在公司首要的防范之人，试问对于这种人邱华文又怎么会委以重任，使其无限接近自己呢？但是聂常光就不一样了，无论聂常光与韩云龙的才华能力相差多少，聂常光毕竟是邱华文的心腹，他为邱华文解决难题，也为邱华文带来安全感。所以不论韩云龙的能力有多高，经验有多丰富，与邱华文的交情又有多么长远，这些都不重要，重要的是谁能让邱华文控制得得心应手，同一战线，绝对服从。

其实邱华文与聂常光的这次计谋并非是无懈可击，而在这其中最让二人担心的并不是韩云龙，而是坐在一旁一直没有话语权的韩玉。如果韩玉当时在聂常光之前站出来申请这个经理的话，那么一定会让邱华文非常头疼。让他当，这当然是不可能的。不让他当，那么自己的偏袒之意就会暴露无遗，那么接下来被这些副总们攻击的目标就会是自己。如果让他和聂常光竞选的话，那么后续麻烦会更多。其实韩玉当时的想法正如邱华文所担心的那样，他也想站出来争取一下自己部门经理的这个位置，只不过他看到韩云龙已经参选，这时候就算给韩玉一万个胆，他也不敢成为自己靠山的竞争对手。就这样，韩玉在韩云龙的笼罩下失去了一次上位的机会。

邱华文了解聂常光的工作特点，当上了事业部经理后，聂常光在短时间内将整个大部管理稳定之后就又忙起了对外工作，所以邱华文特意找到聂常光商量一下副经理的人选。现在聂常光大权在握，部门内部的认识安排只是他一句话的事，而根据之前的惯例，邱华文向他提出了一直表现不俗的李薇薇。没想到却遭到了聂常光的拒绝，原因则是李薇薇现在是编辑策划部的中流砥柱，自己有很多工作都要她去处理，所以不便让她再当领导，分心误事。邱华文听了聂常光的理由也不好坚持，也就由着他去了。

其实聂常光不让李薇薇当副经理还有其他原因，一方面他确实不想手中的这个得力干将工作太多而耽误了为自己办事的效率，而另一方面他是怕事业部如果一旦向上次那样再次分裂的话，会没有人替他守卫编辑部的这块根据地，还有一个原因就是如果李薇薇当上副经理的话，那么前发行部主任韩玉一定会心里不平衡，对李薇薇产生嫉恨，容易让李薇薇出现“不测”。所以聂常光在压制李薇薇的同时其实也是对她的一种保护。

而对于这个副经理的人选，聂常光好像早已有了定夺，这个人就是已经沉默了好久的王伟。在最近的一段时间里聂常光经常有意无意地对王伟进行一些管理上的指点，而且经常要他组织一些工作活动，聂常光的一系列举动都在告诉人们他将会重用王伟，现在只是对他的一个考验和培训。不过王伟除了在工作上变得出色以外，他对于管理这方面实在是没有天赋。这让在一旁盯了很久的韩玉心里非常不平衡，他直接找到聂常光向他表明自己的实力远超过王伟，他才是副经理的真正人选。

聂常光听了之后告诉他自己也发现了王伟不堪重用，放眼整个事业部最有资格当这个二把手的也就非韩玉莫属了，所以他也有意将这个位置交给韩玉。不过聂常光又不想让自己在王伟身上下的功夫白白浪费，所以准备将发行部交给王伟负责，这样一方面可以检验一下自己对王伟培训的效果，另一方面也可以弥补一下韩玉升任后留下的空缺。

韩玉一听用一个小小发行部的主管换来三部联合的副经理，这买卖是再划算不过了，所以非常痛快地答应了聂常光的提议。不过过了一段时间后，韩玉却开始后悔了，因为他发现当上副经理的他已经完全被架空了，手下来自外部门的李薇薇与已经占领了自己本部的王伟根本不拿他这个二当家的当回事，在表面上把他当成经理级别的那样待遇，但是一落实到工作上，他们二人一贯的做法就是越过他直接找他们的老大聂常光商量，这让韩玉有劲没处使，过早地进入了自己事业的停歇期，停歇之后自然就是衰退。

这天韩玉在办公室闲得无聊“偷菜”时，韩云龙推开了他的门，进屋后将手上的调动申请往桌子上一拍，叫韩玉立刻签字去自己的人事部上班，韩玉对于这次突如其来的变动有点没反应过来，坐在椅子上愣愣地看着韩云龙。韩云龙则非常焦急地说道："你都快被人玩死了，还有闲心在这里"偷菜"。现在整个公司都知道你已经完全被聂常光和他两个手下踢出了事业部，能证明你存在的唯一方式就是你每个月拿到的工资条，你认为邱华文会容忍一个吃白饭的家伙安安稳稳地占着他的一个小领导的位置吗？告诉你吧，别看你现在挺自在，其实你的发展空间就是个零，你现在正在迈向'老龄化'，接下来你就等着'被退休'吧。"

韩玉听完韩云龙所说的话后也是惊得一身冷汗，赶忙在部门调动报告上签了字，在他名字的下面则是人事部经理韩玉龙的提前同意。

章后"一"问：

为什么韩云龙在试探邱华文时只提到了聂常光而没有提到韩玉？

释疑：因为是韩云龙在试探邱华文，如果韩云龙提出韩玉，根据他们俩的关系，很容易会让邱华文了解到自己心里在担心什么，这样的话反倒成了韩云龙被试探了。

在探别人口风时，很多人都会把自己最想知道的先问出来，这样的话就等于是在告诉对方你最担心的是什么。过早的暴露了自己，使试探变成了泄漏。

▶ 第十三章

办公室从来不缺聪明的人，但是缺少看起来笨的聪明人

职场“蜗居”第十三条：表面看上去聪明那叫卖傻，藏起来的聪明才是智慧。所以，职场上从来不缺少聪明的人，但缺少看起来笨的聪明人。

正所谓没有对比分不出好坏，的确没有哪个人绝对聪明，也没有哪个人是绝对的笨蛋，聪明不聪明要相对来说。

每一个能够跻身职场的人都可以说是相对聪明的，因为如果没有一定的智慧做前提，那么他们就根本不可能会被聘用。所以，既然大家能够进入职场就充分说明了，职场上没有绝对笨的人，只有相对聪明的人。

那么什么才是真正的聪明呢？很多人为了在领导面前表现，为了吸引住老板的眼球，为了尽快实现自己想要晋升和加薪的目标，处处表现得聪明伶俐。

或许暂时的聪明能够让我们得到一时的满足，但是，表现得过于聪明却会阻碍我们长远的发展，相反平时看上去憨笨的人则可能是真正的智者。

1. 如果你聪明，那么高难度的事就要由你来解决

不能否定，能力越大责任越大，没有人会要求一个笨人能够做出什么惊人的举动，相反难以解决的高难度事情一般人们都希望由聪明的人来解决。

因为在人们的意识里，高难度与高智慧本身就是相互匹配的，所以，如果你聪明，那么高难度的事情就会分给你来做。一旦你解决不了，那么你的形象在人们心目中就会一落千丈。

有人会嘲笑你自作聪明，有人会讽刺你名不副实，有人会挖苦你装腔作势……直到你感到羞愧难当，再无面目见人，别人可能才会勉强放过你。

然而判断一个人聪明不聪明的依据标准又是什么呢？很显然，别人的内心是很难洞悉的，人们只能从别人平时的表现中来判断一个人是否聪明。

由此看来，如果你想让别人认为你聪明，那你就可以表现得聪明，如果你想让别人认为你够笨，那么你就可以表现得够笨。

如果你决定让人认为你聪明，那么你首先就要做好心理准备去应对各种别人都不愿接手的麻烦事。如果你有能力解决，那么恭喜你，能够解决别人不能解决的问题，会加重你在领导心目中的分量，并为你今后的发展铺平道路；如果你不能，那么你就要准备承受别人的流言飞语了。

但是，人外有人，天外有天，没有人能够肯定地说自己能够应对一切，你也不能。所以如果你总是表现得很聪明，那么你注定就会是领导们用来应付高难度问题的工具。

或许会有人说与困难做斗争其乐无穷。我们也必须承认在解决难题时，人们确实能够学习到很多东西，但是领导要的永远都是结果，不是过程，如果结果是失败的，那么你在他们心目的印象就会大打折扣，你不仅没能完成任务，还让他们在老板面前丢了脸。

所以，为了不去冒险，为了保证你的职场一马平川，你不妨表现得笨一些，让其他喜欢装聪明的人迎难而上，让他们成为应对困难的炮灰。

2. 如果你够笨，没有人会要求你完成高难度的工作

表现得笨一些，或许会减缓你的发展，但是，装得笨一点反倒能躲过很多麻烦。

首先，对于一个平时表现比较笨的人来讲，做不好高难度的事情是理所当然，是大家可以理解的，也是他们的能力所不及的，所以即使简单的事情他们没能做好，也不会有人会嘲笑他们、讽刺他们、挖苦他们。相反有时人们还可能会同情他们，想要帮助他们。

其次，“够笨”的人在同事们心中是没有竞争力的好同事；在领导心中是没有“异心”的好下属；在老板心中是做事卖力的好员工。因此对于“笨人”，同事们会处处帮助，领导会时时照顾，老板也会偶尔关心。

由此看来，装得笨一些并非没有好处。与看上去聪明的人相比，笨人在职场，朋友更多，对手更少，他们在职场发展的阻力更小，助力更

大，所以适当地装得笨一些反倒能够以退为进，步步为营。

当然，装笨也会使一个人错过很多机会，比如上司要提升下属时，首先会考虑的对象不会是笨人，因为人人都知道与聪明人共事更省心、省力，所以笨人一般升职很慢，但是，升得慢，只要升得稳，也是一种胜利。

而聪明人最缺少的就是“稳”，而且在职场竞争中冲在最前面的可能也会是最先倒下的。如果你不想冒险最先倒下，那么你不妨装得笨一些。

3. 办公室从来不缺聪明的人，但缺少看上去笨的聪明人

虽然，聪明就意味着要承担更重大的责任，但是在职场，担负的责任越重大，那就意味着你将被赋予的权力和资源也就越多，所以，装聪明就意味着要迎难而上，但很多人都会选择当仁不让，因为他们看到的更多的是利益，而不是风险。

因为装聪明就意味着有机会迅速崛起，装笨就意味着要把一些为公司建功立业的机会拱手相让给装聪明的人。

在利益和机遇的诱惑面前，更多人忽视了风险，英勇地朝着利益冲上去了。殊不知，暂时的领先，并不代表永远的胜利，只有笑到最后的人才是最会笑的人。因此，职场上从来不缺少装聪明的人，但缺少装笨的聪明人。

不能否定在职场机会很难得，但机会也会常常有。可是对于“聪明人”来讲重新做人的机会就少之又少了，只要你平时很“聪明”，那你就没有退路，因为一旦你想转换角色“笨”一回，那么别人就会认为你这是在推卸责任，是偷懒，是装傻。

此外，对于一个“聪明人”来讲，承担更大的责任只是他们要面对的一个方面而已，此外，聪明必定会引来嫉妒和刁难。表现得聪明就会为自己招来更多的麻烦，三国杨修就是因为太过聪明，以至于被曹操所杀。

聪明没有错，但是在众人之中显得聪明就是一种危险的信号，而身在职场光知道拼杀还不够，还要懂得自保。懂得自保虽然不能击倒别人，但至少可以保证自己不被击倒。

4. 如果事事都装笨，那你和笨蛋就没多大区别了

装笨虽然能够保全自己，避开众人的锋芒，但是如果你时时处处都装笨，那么你和笨蛋又有什么区别呢?

所以，装笨只能是一个权宜之计，而非职场立足之本。在职场会装笨，也要先弄清楚，什么时候应该聪明，什么应该装笨。

有过一些职场经验的人肯定会明白，在职场上，有些事无关紧要的，有些事则可能影响大局，关系到公司的整体利益的。对于看上去够笨实则聪明的人，在面对无关紧要的事情时，他们就会充耳不闻，视而不见，给足别人发挥自己的机会。可是一旦遇到重大事情时，他们就会开始有所行动。

和表面聪明的人人不同，这些看上去够笨的聪明人，即使想要有利可图，他们也不会明摆着把自己的意图说出来。相反会通过吹捧或是怂恿表面聪明的人去做事，而自己则蛰伏起来，等到聪明人受挫，他们再伸出援手，或是给人歪打正着的假象，让人认为他们不过是瞎猫撞上死耗子。

事实上，这些都是他们事先谋划好的策略，这样一来他们既可以获得好处，又可避开众人嫉妒的锋芒。

而喜欢装聪明的人，一般更喜欢自大、被人逢迎拍马、听好话。而最会装笨的人刚好就看到了这些人的心理，表面上不与他们较劲，而实际上则使劲对他们进行吹捧，事实上，这不是在给他们唱赞歌，而是在加速对方的死亡。

“笨人”一边奉承对方，使得装聪明的人自尊极度膨胀，成为众人攻击的对象，从而加速他们职场猝死，而自己又显得很无辜，很单纯，这才是真正聪明的人的做事风格。

5. 职场追求的目标不是聪明或是笨，而是谁能笑到最后

或许很多人都已经发现了，自己在职场拼杀多年，跳槽数次，回过头一看，曾经比自己笨很多的同事，现在已经跻身高层领导的位置，而自己则还在跳来跳去中徘徊。

为什么会出现这种现象呢？原因很简单，职场之上人们所要追求不是聪明或是笨，而是谁更能笑到最后，谁能成为最后的赢家。

聪明或是笨可能都是一种表面现象，也可能都是事实，但这些并不是最重要的，我们要的是，聪明或是笨所能给我们带来的是什么样的结果。

因为聪明，因为智慧，很多聪明人都会难耐寂寞，忍不住想要在职场表现一番，迅速成为领导最器重的人，但是，殊不知，职场就是竞技场，越早出场的必定会死得越早。而那些相对较笨的人则可能因为能力有限，而选择自保，迟迟不去参与职场竞技，从而成为笑到最后的人。

所以，无论你是否聪明，你都要明白，聪明并不能保证你次次能赢，聪明也不是你笑傲职场的资本，笨并非在职场没有立足之地。想要在职场笑到最后，最有把握的方法就是比谁更能沉得住气，耐得住寂寞。只要你一直只专注自己的工作，不参与纷争，那么你就能成为在职场之上长久不倒的人。

案　例

在韩玉的倒台计划中，王伟再次扮演了重要角色，所以在打跑韩玉之后，王伟也就自然而然地又一次进入了聂常光建立事业部领导团队的大名单中。可以说王伟当领导已经是板上钉钉的事了，现在只剩下了负责的区域大小以及职位高低的问题了。

按照王伟主观的预测，以自己在巩固事业部、剔出老板异己的这两次“战役”中立下的赫赫战功来说，如果论功行赏的话，那么自己的地

位即使不能超过李薇薇，也不会再输给那个看起来笨笨的，只会躲在李薇薇身后吃剩饭的孙宪超了。

一心只想压倒孙宪超向上爬的王伟在接下来的工作中表现得非常"抢眼"。原本负责发行部的他由于对这方面的工作经验太少，没有太多的机会让他引起其他人关注，所以王伟在解决掉韩玉之后，以之前聂常光只是派自己演戏为由跨出了发行部，竟然插手起了策划部与编辑部的工作。三个部门刚刚合并，各部门管理人员还没有落实到位，王伟正是利用起了这个空当，开始游窜于各个部门，哪有实现自己的机会，哪里就有他王伟的身影。

王伟在"显才""露才"时也是非常有针对性的，他只挑有孙宪超在的场合,即使孙宪超还是他的上司。但是王伟认为"大战"刚刚平息，一切还没有进入规范化之前，就等于是要从头开始，这个时候谁的资历高，谁的能力强，谁才能得到聂常光的赏识，所以现在的情况王伟表面上称孙宪超为自己的领导，但实际上早就把他当成了自己的宿敌，而且是那种即将被自己踩在脚底下失去了靠山的软蛋，因为王伟找到了孙宪超之所以可以升腾的原因，其实要是单打独斗的话他根本就不是自己的对手，只不过他身后站了个李薇薇，这才是他成功的原因，所以王伟现在要做的就是如何能在李薇薇那里获得一席之地，进而将孙宪超挤掉。

这次王伟也不在乎"屈尊"不"屈尊"，因为他知道李薇薇与孙宪超已经形成犄角之势，无论先攻哪一方自己都会被二人夹击，而如果像孙宪超那样先投入李薇薇门下，这样的话即使与孙宪超发生什么矛盾李薇薇也会睁一只眼闭一只眼的，如果搞好自己与李薇薇之间的关系或者搞坏孙宪超与李薇薇之间关系的话，到时候李薇薇不但会袖手旁观，还有可能会助自己一臂之力。

王伟认为要想将李薇薇从孙宪超手中"抢"过来的话，那么自己必须在向李薇薇有所传递的同时，在能力上也要超过孙宪超。这样的话就会让李薇薇知道谁才是办公室里最牛的了。当大家都知道王伟与孙宪超孰强孰弱之后，那么立场自然会转向自己这边，这其中也包括李薇薇，因为王伟坚信职场只属于高能力高智商的人，而那些笨蛋们的职责就是把像自己这类人衬托得更聪明更能干。

在王伟连续的“猛攻”之下，孙宪超的表现足以让王伟大喜过望，因为在几次较量之后，孙宪超节节败退，无论是编辑部还是策划部的工作，凡事有孙宪超负责的，都被王伟抢了过来，而且抢过来之后做得都比孙宪超要好很多，这也让王伟在同事心目中的地位不断攀升，现在大家都在讨论的话题就是：“孙宪超之所以能当领导靠的就是李薇薇，如果真枪实弹的和王伟较量根本就不是对手。”当然这些言论也或多或少地传到了李薇薇的耳朵里，而她在接下来的一系列安排中，似乎也证明她受到了这些言论的影响或者说她已经开始信服了王伟的能力又或者是对她自己重点培养的孙宪超的能力感到了失望——李薇薇决定让王伟全面负责起孙宪超的手头工作，而将孙宪超派往了网络市场组专门负责与徐德志的合作。

这次调动表面上看只是一次再平常不过的工作安排，有人负责新的项目，就要有人接手他所留下的未完成的工作，不过如果深入地想想就会发现，王伟与孙宪超二人在事业部的地位发生了翻天覆地的变化。孙宪超虽然负责起了公司一向重视的网络市场，但是一来它只对公司影响重大，其实以编辑部为龙头的大事业部对于网络市场这方面并不感冒。二来与徐德志所在网络公司的这次合作是公司的一个长期发展战略，短时间内会收效甚微，孙宪超到来时又属于这次合作的“开荒期”，所以这份差事其实在大事业部内是一件并不十分被看好的苦差。而王伟现在负责的工作就不同了，他不仅掐住之前分给他的发行部不放，在得到了李薇薇的任命之后则理直气壮地将编辑部与策划部的工作也揽了过来，有人说做得多，错的多，其实换种思维方式来说的话也可以是做得多，对的多，风头抢的也就多。而这一切都要看你有没有做事的能力，对于工作能力可以用卓越来形容的王伟来说，显然后一种观点更适合他。出尽风头的王伟自然也会招来很多同事的嫉妒，不过摄于王伟的威力与阅历，这些人也只能将自己的嫉妒不甘心地转化为对王伟的信服，毕竟办公室里谁正在如日中天，如日中天又靠的是什么大家还是非常清楚的，与王伟这样的强人挤兑的后果很可能是被强势“秒杀”，与其这样倒不如与之配合，在他的光环下自己也能分得一杯羹。随着王伟负责的工作和部门越来越多，王伟的责任也就越来越大，现在每个人都相信有真材实料的王伟在责任之后随之而来的自然就是越来越大的权力了，在即将到来的大事业部领导团队的组建中王伟一定会得到足够的重视，极有可能会在聂主任经常跑外的情况下成为事业部内除李薇薇之外的第三号领导，而至于之前一直被寄予厚望的孙宪超，由于在王伟强势回归的对比下以及在逐渐地脱离了李薇薇的保护圈后，最终被人家拽下了神坛。

在编辑部与策划部受王伟打压而出走网络市场组的孙宪超，在新的岗位上也不是非常顺利。由于对市场拓展以及更加倾向于商业性质的合作谈判非常业余，孙宪超接受这项工作之后，没有取得丝毫具有突破性的进展，他甚至在与徐德志的谈判中没有谋得任何有利于公司的条款。而且在合作中，他的表现也让对方感到非常不满。该到孙宪超实行的时候，他总是交给下属代他办理，而该到他决策的时候，他又总是拿不定主意、一定要去请示一下李薇薇。他表现的一点都不像个项目负责人反而倒像个在中间打杂的。这让徐德志以及徐德志所在的网络公司感到非常不满，他们感觉到聂常光是在随便派个二百五敷衍自己，HW 公司更是没有对自己采取应有的重视，所以这家网络公司叫徐德志放出狠话：“如果再派一个二百五过来当项目负责人的话，那么本公司就会终止合作意向，反正国内大规模的文化公司又不止 HW 一家。”

幸好徐德志只是把公司的意思上报给了聂常光，而没有让公司的高层知道。如果直接上报给公司的管理层的话那么不但孙宪超的前途尽毁，而且连聂常光与李薇薇都要受到牵连。这件事虽说只有大事业部知道，但还是引起了一阵不小的波澜。首先是聂常光，由于聂常光被对外的编辑事物缠身而又对李薇薇的能力非常信任，所以就想这次与网络公司的合作工作全权交给李薇薇办理，而就在这时又赶上事业部合并，一切都要从头整理，而这些工作自然而然地就落在了李薇薇的身上，所以李薇薇只好将这次合作交给孙宪超来处理，一方面可以让孙宪超得到锻炼，而且一旦取得胜利，那么对于孙宪超来说就等于是一步登天，另外一方面，这也是在变相地保护自己的下属，由于孙宪超在编辑策划部被王伟打压的抬不起头来，长此以往势必将对他的进步产生影响，但是李薇薇千算万算却落掉了一个最重要的因素，那就是专业领域问题，孙宪超是编辑出身，动动笔杆子，玩玩 WORD 还可以，让他和别人耍嘴皮子，搞权谋这无疑于是叫张飞作《出师表》。在得知这个消息后，聂常光赶忙命令李薇薇对人员作出调整，或自己负责或找其他合适人选，李薇薇正被大部的工作整理忙得焦头烂额，让她再亲自负责这个合作计划显然是不可能的，而至于这个合适人选，李薇薇左思右想最终再一次地将目标放在了最近风头正劲的王伟身上，于是李薇薇撤下孙宪超，通知王伟接任，在下达通知时李薇薇特地询问王伟是否有将目前手头工作削减一批的必要，王伟对此的答复则是："自己完全能应付这些工作，不用再给别人增添麻烦。"这其实就是在告诉李薇薇自己不想让任何人抢了自己的功劳。但是俗话说双拳难敌四手，之前王伟在部内虽然表现得神乎其神，但那也已经是在为全面压倒孙宪超而勉力支撑了，现在再加上一个自己不太在行的工作，对于王伟来说也只能用挣扎来形容。不过为了彻底战胜孙宪超，在HW大显神威，王伟并没有考虑自己能不能负担的了，只要有表现自己的机会王伟都要据为己有。这样王伟就由之前的好强逐渐地变成了逞强。

逞强的后果往往都与自不量力、自讨没趣联系在一起，王伟这次也不例外，在超负荷地揽下自己能力之外的合作谈判后，王伟不但把合作项目搞得比孙宪超还烂，不懂装懂的王伟在谈判中被徐德志所带领的团队生生吃下,让HW公司在双方制定合作项目书的初期输掉了不少利益，就连之前的编辑策划部的工作也由于多数照顾不到而错误百出。

这让之前一直拿他当吕布那样膜拜的下属们渐渐地改变了自己的想法，现在这些员工一致认为王伟充其量也就会用个三板斧，时间一长他就露出了马脚，王伟在他们心中的形象由力挽狂澜向黔驴技穷转变的同时，也让这些人对他的嫉妒感完全压制了之前对他的那种信服感，而且这种嫉妒感逐渐地变质成为一种嫉恨感，原因就是之前王伟太过强势，把谁都不放在眼里，当时这些人心甘情愿地听他指挥只是因为那时王伟正风光无限，而现在通过王伟的不断犯错，以及在对外"战役"中的不断失败，这些人已经看清了王伟的真实面目，他就是一头"黔驴"，而把他当成"驴"的那些同事正在抱着这种嫉恨感在一旁虎视眈眈地等待着给他一口的机会，而很快这个机会就来了。

虽然王伟与孙宪超两个人在网络市场组的工作都不能令人满意，但是二者之间的程度还是有很大差别的。孙宪超只是在其任不谋其职，顶多是不作为，无论是态度不对还是能力不行，但起码也没让公司受到什么损失，大不了换人了事。但是换到王伟这里情况就有所不同了，由于王伟贪功冒进，这就给了徐德志很多的可乘之机，而且徐德志从大公司带出来的团队在业务能力以及成熟度方面根本就没得说，所以他们可以轻巧地利用王伟的短板打他个措手不及，使利益的天平一点一点向本方倾斜。可以说王伟所犯的错误是无法弥补的，而且如果照这个态势来看，说不定更大的错误正在等着王伟。而且他们二人的震动范围也是不一样的，孙宪超只是让聂常光以及李薇薇稍感不满和失望，不过这件还没有造成任何坏的结果的事对于孙宪超在两人心中地位的影响实在有限。不过王伟就不一样了，他让公司蒙受了损失，在谈判中处于了被动地位，更令人气愤的是王伟居然对于这种错误毫无办法，这种没有丝毫好转的亏损状况不用人说也一定会惊起整个管理层的愤慨，他们一致认为是王伟让公司在对外扩张的道路上受到了阻碍，而作为这次项目的第一负责人聂常光自然是难辞其咎，现在很多领导甚至在考虑是不是应该把更专业一些的韩玉再次推上前线或者干脆把这次网络市场合作项目直接从事业部抽离出来重新组建一个更加专业的谈判小组。

这些想法显然是聂常光无法接受的，因为无论哪种方案都是对自己在公司地位的一次剥夺。而王伟现在又成了只会犯错不会改错的大漏勺，就在聂常光考虑是否要扔掉手头的工作亲自负责这次谈判时，孙宪超却出人意料地主动提出要重新负责这次合作协议的谈判工作，不过负责人仍要王伟来做，起初聂常光与李薇薇对于孙宪超的这次请命并不看好，原因则是孙宪超有过前车之鉴。不过眼下俩人实在忙得抽不出空来，而且进一步考虑，以孙宪超的稳重性格，没有十成的把握是轻易不会这么草率出手的，所以也就姑且再给他一次机会，不过这次只给了孙宪超一个月的时间来扭转局面，如果到时效果不能令人满意的话，将和王伟一起接受处分。

王伟得到这个消息后却非常高兴，他正愁没人可以推卸责任呢，现在却跑来个傻子自愿蹚这个浑水，现在王伟唯一在考虑的就是如果在一个月内将责任全都安放在孙宪超身上，让他来当自己的替死鬼。很快孙宪超就给了他这样一个机会，孙宪超告诉王伟只要他把与徐德志谈判的过程和报告交给自己就成，其他的事就全由孙宪超来完成。听到这个要求后，王伟乐得屁颠屁颠地就把孙宪超想要的东西交给了他，同时心里在想："既然你只要求我做这些，那我当然要全力配合，接下来你自己办不好的话那可就怨不着我了。"

孙宪超拿到这些报告后，迅速展开整理，从这些整理过的材料中孙宪超掌握到了很多徐德志的谈判习惯以及一些心里底线。在接下来的谈判中，孙宪超充分利用了自己掌握的这些资源与徐德志展开周旋，俗话说"知己知彼，百战百胜"，而孙宪超又把之前王伟输出去的那部分公司利益说成了是HW的友情奉送，大打感情牌，这让徐德志对自己的前任公司多少有些放不开手脚，在谈判中也就不再那么侵略性十足了，而看到对方有所迟疑之后，孙宪超接着再次利用王伟的错误以及之前分析出来的对方的谈判底线对徐德志施压，让他本着互利互惠平等的原则，在HW做出让利的情况下，也应返回一部分利益给HW公司，这样才能使得双方之后的合作更为愉快。徐德志对于这些理由以及出于未来远景的考虑也只有无奈地接受了孙宪超的要求。

一个月的谈判结束，可以说孙宪超圆满地完成了上级下达的任务，也实现了自己的诺言，他不仅填补上了王伟留下的漏洞，还让HW公司扭亏为盈，在与大型网络公司的谈判中居然占据优势。所以，在合作协议书第一次完成之后，孙宪超与王伟成为了HW公司在庆功会上的红人，只不过这件事闹得实在太大，全公司人都知道孙宪超不仅是公司的功臣更是负责人王伟乃至事业部经理聂常光的救命恩人。正是有了这种大众的评审，两人在庆功会上发言时一个得到了大家发自肺腑的掌声而另一个得到的是大家发自心底的嘘声，就像一个拿的是"奥斯卡"另一个拿的则是"金酸梅"。

孙宪超在跟李薇薇闲聊时说道："其实这次之所以能去的优势，其实我是用了'扮猪吃老虎'这招，徐德志开始认为咱们公司没有谈判实力，所以自然会小瞧咱们，这时候对于我的再次出现，他不仅会小瞧我们，而且更是无视我们。我就是利用他毫无防备的时候才侥幸捞到点便宜的。”

李薇薇听后则笑着说：“你能让他小瞧，还要多亏了王伟自愿地为你蹚了回雷，依我看啊，在这次谈判中你既不是猪，徐德志也不是什么虎，而至于这个‘扮猪吃老虎’你是用在了王伟的身上。”

章后“一”问：

王伟把当初的死对头李薇薇当做靠山还有没有其他原因？

释疑：俗话说“识时务者为俊杰”，王伟虽说不是什么“俊杰”，但他还是很识时务的，他知道自己与李薇薇平起平坐，针锋相对之势已去，所以转而向李薇薇投诚，去解决新的矛盾，也算是大势所趋。

这也是我们之前所说的“和人斗不一定要斗得两败俱伤”，同事与同事如此，下属与上司更是如此，和上司斗“死”的只能是你，如果想发展，那么求和将是你第一要做的，也是最该要做的。

只不过王伟仍然不明白的是，找靠山不是光靠灵光两三现就能吸引住上司的眼球的，其实靠山与心腹之间也是需要一段时间的感情积淀的，就像李薇薇与孙宪超那样他们可以很随意地无话不说，所以不要天真地认为你的上司看重你他就是你的靠山了，他也可能只是想找你干点活或者蹚个雷。

▶ 第十四章

加入小团体可以享受优待，但是也要为团队中其他人的错误陪葬

职场“蜗居”第十四条：加入小团体能给你带来一些实惠，但是如果你还没有做好“殉葬”的准备，那就远离那些所谓的小团体。

不能否定，企业要发展不能单靠员工们的各自为战，而是需要公司所有员工的通力合作，但是在参与职场合作的同时，人与人之间也存在着利益纷争。

鉴于此，很多人初入职场就有了很强的自我保护意识，为了加强自己的实力,很多人依赖裙带关系,拉帮结派排斥异己,组合成各种小团体。

有了小团体的保护，个人就有了后备力量，在职场中也就有了底气。即使自己偶尔犯了一些小错，也会有人帮自己开脱，或是偶尔遇到什么问题也可以找人帮忙解决。

加入小团体对于一个职员来说确实有一定的积极因素，但是在受到小团体的优待的同时，我们也不得不考虑一下，一旦小团体内部的其他人犯了严重的错误，那么我们就有可能会成为他们的殉葬品。

1. 职场个人主义不可避免

无论是哪一个职场人，如果被问到为什么而工作，可以说没有一个人会说是为了公司而工作。

的确，每个人都是为了自己的利益而工作的，每个人参加工作都是为了自己。要么为金钱，要么为名誉，要么为权力，总之员工都是自私的，企业内部小团体刚好就是职场个人主义的一种表现形式。

然而一个公司想要获得更好的发展,不得不靠全体员工的共同努力，所以绝大多数的公司都会制定各种制度来约束、规范员工相互合作，协调工作，从而促进公司整体的发展。

但是在公司获得发展的前提下，各个员工所做的努力不等，所得的利益不等，于是员工之间就不可避免地会出现矛盾。

有了矛盾就有了利益对立的各个小团体，在各个小团体的纷争中，最终有一方会获得更多的利益，一方获得较少的利益。从公司内部上看是此消彼长，但是从整体上看公司总体利益却会因此而被削弱，公司内部的团结也会因此而变得不稳。

但这并非意味着公司就没有发展的空间，相反一旦公司内部的各个小团体已经形成，那么公司的整体利益却有可能会因此而增加。

首先，人都是自私的，想要让员工完全为了公司工作是不可能的，与其任由员工们各自为战，不如让不同的员工找到自己的小团体，这样一来反而有利于公司内部的稳定。

其次，一旦员工们有了团体归宿感，那么小团体成员之间就会异常团结，就会相互帮助，共同成长，并在一段时间的相互合作中培养出一定的同事感情,那么工作对他们来讲就远没有一个人孤军奋战那么无聊、单调。

2. 加入小团体也要有所选择

通过上述分析我们不难看出，职场存在小团体就像职场个人主义一样不可避免，身在职场的每个人都不可避免地需要加入不同的小团体。

因为在职场竞争中，整个小团体的竞争力绝对要超出个人竞争力。如果一个人完全不依附于小团体，那么他将面对的被排挤出局的可能性就会更高。

但是不是所有的小团体都有着积极的作用，不是所有的小团体都能起到保护个体的作用。有些小团体很可能只是职场某些人谋取个人利益或是解决个人恩怨的工具。所以，即使职场小团体不能避免，我们也要首先擦亮眼睛看看哪些小团体可以加入，哪些不可以加入。

很显然，每个小团体都会有其利益根本，都是为了获取一定的利益而形成的。但是如果一个小团体只是单位某个中高层领导为了加重自己在公司的筹码而组建的人情小圈子,那么这种小团体是万万不可加入的。

因为这些小团体首先是以某位领导为主导的，他所指挥的努力方向不是为了公司，也不是为了小团体的整体利益，而是为了个人的发展。这些领导可能会拿整个小团体来要挟老板，作为筹码，要求老板赋予他某种职权或是报酬，而且一旦他们发现小团体内部有人和他们不是一条心，那么他们就会迅速把对方踢出团体之外，此外他们提升下属标准也都是任人唯亲。

这样小团体，不仅不利于公司的整体发展，而且对小团体内部成员的发展来讲也是一种限制，所以即使在职场不得不加入一定的小团体，我们也要有所选择。

3. 加入小团体就要做好一荣俱荣一损俱损的准备

虽然身在职场很多人为了避免个人竞争力过于薄弱不得不加入一定的小团体，但是不能否定，人们加入小团体的最终目的并非只是为了不被竞争出局，而是加入小团体之后能够获得什么样的利益。

所以，无利可图的、没有发展潜力的、没有竞争力的小团体是没有人愿意加入的，但是一旦加入了某个小团体，我们就得做好一荣俱荣一损俱损的心理准备。

因为，在小团体为你争得利益的同时，也需要你支持小团体的集体行动，也要为小团体的整体利益作出努力，也需要在小团体利益受损时分担损失。

否则，你只在小团体获利时保持与小团体的一荣俱荣，却不能在小团体受挫时，与之保持一损俱损，那么团体内部的其他成员就会把你当成是只能同甘不能共苦的人，从而使得人们对你产生疏离甚至鄙视的抵触。

而且一旦其他小团体的成员们知道了你是这种只懂得分利，却不愿与人共担损失的人，那么别人就会拒绝你再加入其他的小团体，这样一来你就可能会成为孤家寡人，不得不在各个小团体的夹缝中求生存。

所以，想要从小团体中获利，我们就要做好为小团体承受损失的准备，就要首先做好与小团体的成员们同甘共苦的心理准备。

此外，加入一个小团体并非就意味着我们必须与团体之外的人为敌，要知道任何一个小团体的优势都可能是昙花一现，而且小团体也可能会因时而消失，但是我们还要继续在职场打拼，所以即使在小团体得势时，我们也不能为难团体之外的人，与人结下太多矛盾，否则一旦我们没有小团体的势力可以依靠，那么我们就可能成为别人报复拿捏的对象。

4. 不想成为他人错误的陪葬就要远离小团体

小团体无疑都是由一个个成员组成的，只有所有组员的共同努力，小团体的势力才会有所增长。但是，一旦小团体成员中有人犯了严重的错误，那么小团体中的其他成员无疑就会跟着遭殃，所以，如果你不想为别人的错误埋单，不想成为别人错误的陪葬，那你就要远离小团体。

但远离小团体，并不是说你可以完全脱离小团体，完全不用去理会职场上的小团体之间的纷争，相反，越是这种情况，你就越需要多观察各个小团体的情况。

如果在小团体之外，那么你不仅需要仔细观察职场环境，摸清大形势，还需要对各个小团体的势力、结构了然于胸。

因为就目前状态而言，作为一个孤军奋战的人，无论与哪个小团体相比，在实力和能力上你都远不如他们，所以你一定不能锋芒太露，否则被小团体视为对手,那么你很快就会被对方击败,失去自己的立足之地。

此外，对于风头正旺的小团体，我们更不能与之太过暧昧。因为在职场没有一个小团体可以永远得势，或许他们现在吃香，但是可能某些领导或是主管已经发现了他们的存在给自己造成的危险，正在运筹着将之一起端掉。如果我们与之走得太近，那么我们很可能会被误认为是团体成员，进而一起被解决。

所以说，既然我们已经选择不为他人的错误陪葬，那么我们就必须远离小团体间的是非，老老实实地“蜗居”在小团体之间的夹缝之中。

5. 不加入小团体并非就意味着你在办公室政治之外

职场是一个利益纷争激烈、各种矛盾丛生的场合，不加入小团体的行列，并非就意味着你在办公室政治之外。

很显然每个人进入职场都是为了谋求利益，但是如果你既想谋求利益，又不想得罪别人，那么这种可能性几乎为零。不同人之间的利益冲突是必然。

这种必然不会因为你小心翼翼，不去接触或是得罪他人而消失，更不会因为你只顾做自己的工作而消失。相反只要你还在职场，那么你与他人之间发生冲突的可能就永远存在。

所以，即使你不是任何小团体的成员，那么你与其他小团体之间还是存在矛盾和冲突的。与其一个人孤军奋战，不如加入某个小团体谋取庇护。

但是有些人为了置身小团体纷争之外，为了不被各个小团体吞没，不惜采取直接向最高领导投诉的方式来解决这种问题，殊不知这样的事情做一次就足以让你永远在办公室失去立足之地。

因为，一旦你向最高领导投诉，那么你得罪的必定是整个小团体的成员，而且还会给其他的小团体的成员留下爱打小报告的印象。这样一来，日后你就会陷入职场人际关系的泥沼。要知道，越级投诉是职场大忌，一旦你越级申诉了，就会没有人愿意与你协作，没有小团体愿意接纳你，没有领导愿意庇护你，直到最后你只能以辞职结束这段被动的职场历程。

案 例

刚刚合并后的大事业部在李薇薇的调教下已经步入正轨，经过之前的那番较量，孙宪超与王伟在事业部的地位也立见分晓，大事业部的领导团队在两人定下输赢后也立见分晓。李薇薇毫无悬念地成为大事业部总管，孙宪超在拿下与王伟的这场战役后，在办公室的形象立即飙升，从而也使他当仁不让地成为了大事业部的副主管来协助李薇薇工作。而王伟则被聂常光继续留任到了发行部，对于王伟的安排，大家一致认为这是聂主任将王伟边缘化的先兆，王伟之所以还能掌管自己并不擅长的发行部完全是看在他是聂常光老部下的面子上。

被下放后的王伟其实在发行部并不好过，一方面是自己对这项工作并不专业，也只能是边做边学，丝毫出彩立功的机会都没有，另一方则是来自手下的这些员工，特别是一些老员工，根本不拿这个门外汉领导当回事，这样就使得王伟在办公室里再也没有叱咤风云、指点江山的威风劲了。最关键的是由于王伟处处碰壁，接连失败，他在员工心目中的威信力已经下降到了极点。业务上毫无用武之地,管理上又没人听他的,可以说王伟现在正面临着他事业上的又一个低谷。不过这些困难并不能将历经职场沉浮多年的王伟打倒，遇到困难后王伟并没有委靡不振，他开始考虑起应该怎样解决面前的这些难题。

首先，他认为自己目前还是具有一定优势的，这个优势来自于他所在的团队，可以说他所在的事业部是整个公司的核心，而且他的老大聂常光是公司老总身边的红人，所以在这样的团队里，跟这样的上司办事肯定有发展，接着他认识到了自己的劣势其实也是来自于他的老大聂常光那里，王伟之所以有现在的这个下场就是因为没有得到聂常光足够的重视。分析出了自己的优劣势之后，王伟继续想聂常光为什么会不重视自己，其实原因无非就是自己的工作成绩没有达到聂常光的要求，特别是最近的这次，正是因为自己险些为他酿成大祸，所以才“虎落平阳被犬欺”。说到“被犬欺”他又想起了孙宪超，这个之前自己瞧都懒得瞧上一眼的人就只会站在别人后面捡便宜，升职如此，业务上也是如此，如果不是自己已经为他探好了路，他现在还不知道被发配到哪个办公室端茶倒水呢。王伟一想到被一个实力不如自己的软蛋踩在了脚下，心里就特别不平衡，于是乎他又重新燃起了与孙宪超死磕到底的欲望，在王伟看来只有把一直妨碍自己发展的孙宪超击败才能重新向大家证明自己的实力，树立自己的威望。所以在接下来的日子中，大事业部并没有因为工作安排得井井有条而趋于稳定平静，相反地在负责发行部的王伟与负责编辑策划部的孙宪超的竞争中处处显得暗流涌动，弄不好就会把人卷入其中，其激烈程度丝毫不亚于当初聂常光、韩玉、徐德志的三方会战。

对于这种情况，作为主管的李薇薇当然不会不知道，但她并没有因为孙宪超是自己的亲信而插手其中，因为双方在竞争中，都是以自己要做到更好来压倒对方为竞争手段，这样的话不仅会为公司创造出更多的利益，而且还会让他们在这种相互竞争的环境中快速成长。特别是当李薇薇看到了孙宪超在与王伟的竞争中变得越来越有攻击性及应变能力后，她更加坚定了自己的这个想法。

与李薇薇把自己主动置身事外不同的是，在办公室里居然会有人自愿卷入这场矛盾的漩涡之中，而原因就是要提高自身的利益，而他们则把这些利益与他们所在的团队牢牢地绑在了一起。在王伟进入发行部之后，他之前带过的B组成员依然留在了编辑部，这样也就顺理成章地成为了孙宪超的手下，只不过这些B组成员中有三个人与王伟的关系比较密切，他们就是王金石、霍延光以及刘宇飞。特别是王、霍二人，当王伟与孙宪超刚刚开战时，这两个人就开始商量到底应该帮谁，最后得出的结论就是去投靠王伟，因为王伟才是他们的靠山，而且在拿自己靠山的实力与孙宪超的实力做了比较之后，这两个人一致认为王伟的实力明显高于孙宪超，所以王伟一定会在这场竞争中取得胜利，这时王金石与霍延光不约而同地想到了一句话，不过他们俩是无论如何也不会说出口的，这句话就是：“一人得道，鸡犬升天。”

这两个人找好自己的阵营后立刻跟总部取得了联系，王伟由于失意加太忙都快将自己的这两个老部下忘了的时候，没想这两个人却主动与他取得联系，这不仅让王伟感到喜出望外也同时在心里泛起了一丝小小的感动。

重新加入到王伟的团队之后，王金石与霍延光继续被安插在孙宪超的编辑部，目的就是作为内应为王伟收集对手的内部材料。由于这两个“木马”的加入，局势也发生一些变化，孙宪超每次的机会都能被王伟未卜先知，这让孙宪超在很长的一段时间里只能被动挨打。就在孙宪超百思不得其解的时候，第三个人的出现却帮了孙宪超的大忙，这个人就是刘宇飞。

当王金石与霍延光发现原来自己的加入可以对整个战局造成很大的影响后，这两个人决定拓展业务，不只局限于做个通讯员，他们俩还要做个“说客”，将孙宪超身边的得力人手都策反到王伟的阵营中，到时候来个里应外合，这样自己的功劳不就可以翻了好几倍吗？他们的第一个目标就是刘宇飞，原因也很简单，一是看中了他的能力，二是刘宇飞与他们都是同属王伟门下。但是之后的结果证明，王金石与霍延光的失败之处也恰恰是把刘宇飞想得过于简单了。当刘宇飞明白他们的意图后，表面上应承了他们，而在背地了却将这两个内奸上报给了孙宪超，因为在他看来，有李薇薇罩着的孙宪超会比王伟更有发展，而且就算自己帮助王伟取得成功，最后论功行赏的最大受益者也还是王伟的两个亲信王金石与霍延光，自己则会继续在他的手下毫无用武之地。所以刘宇飞明智地选择了孙宪超这边的阵营，一来是想借孙宪超上位，二来是想让孙宪超的团队帮自己消灭掉一直打压自己的王伟和他的两个手下从而好好地替自己出口恶气。

孙宪超在查明情况后没有给王金石和霍延光二人任何机会，直接把他们“拘押”在了编辑部，既不炒他们的鱿鱼，也不让他们去发行部帮忙，只是让这两个人在编辑做一些无关紧要的工作浪费青春。孙宪超认为这是对他们两个人的最大惩罚，因为对正处在事业上升期的人来说时间就是一切，现在被牢牢捆绑在编辑部的两个人如果不甘心自动离职那就只有祈祷王伟快点来救他们俩。不过他们不知道的是自从他们的身份被曝光后，王伟也渐渐地自顾不暇了，因为有刘宇飞这样的生力军加入，孙宪超的团队在实力上又有了很大的跨越。而困兽最可怕的地方就是被放出牢笼那一刹那所展现的爆发力，被打压了太长时间的刘宇飞终于有了一展身手的机会了，现在刘宇飞憋足了劲抱着玩命的心态要跟王伟死磕到底，接下来的一段时间大家都在欣赏着编辑策划部是怎样“痛打”发行部的，而作为同一批进入HW的青年才俊孙宪超以及刘宇飞已经被公认为是公司内部最具代表性的强强组合新生力团队了。

就在王伟堪堪不支时，一件事情的发生以及一个人的离开救了他的命，但却要了整个事业部的命。离开的这个人就是事业部的经理聂常光，而发生的这件事则是聂常光带着事业部的资源离开了HW公司另起门户。由于这件事发生得太过突然，打了整个公司一个措手不及，这其中受到打击最大的自然要属公司老总邱华文了，自己如此器重聂常光，为了扶持这个亲信上位，他不惜与跟随自己多年的老部下闹僵甚至决裂，而他却辜负了自己对他的一片用心，而从聂常光最近的一些行为举动上来看，他的离开对公司来说或许是一次“突然”，但对他自己来说却是早就计划好了的，他之所以会让李薇薇全权接管事业部，其实就是为了给自己腾出时间来为接下来的独立寻找外部资源，从这件事上就可以看出聂常光根本就没有将邱华文对他的提拔当回事，这让邱华文感觉自己被聂常光彻彻底底地给耍了，悲愤交加下的邱华文决定解散事业部，将三个部门现有负责人也就是聂常光的“余党”手中的权力全部剥夺，三个部门的新接管人在下次例会后决定。

这样一来，受聂常光自立影响最大的就变成了李薇薇等一干事业部领导，事业部解散之后，以聂常光为核心的团队瞬间化为乌有，而孙宪超与王伟的斗争自然也就变得毫无意义。现在这些人都变成了毫无力量的残部或者是零星个体了，他们的一切发展前景都要待例会之后才能决定。这种将自己的命运交到别人手中等待审判的过程对于每一个事业部的人来说都是难以接受的，不过现实情况又叫他们不得不忍受这种变相惩罚，这个“现实情况”就是他们的头犯了错误一走了之后，作为这个团队中的一份子必然要为“队长”的错误埋单。而李薇薇、孙宪超、王伟以及刘宇飞等人面对这样的巨变后，各自又会做出什么样的选择？让我们拭目以待。

章后“一”问：

为什么王金石和霍延光要主动找刘宇飞，就算成功的话，难道他们不怕刘宇飞凭借能力将他们的功劳抢走吗？

释疑：我们在解释这个问题前，首先要假设这次的拉拢结果是成功的，如果刘宇飞被王、霍二人成功策反的话，那么首先第一功就会记在这两人账下，接下来无论刘宇飞做出什么精彩演出的话，以王伟平常对他的防范态度，以及其一贯的嫉贤妒能的作风，也不会让刘宇飞风光到哪去。而且刘宇飞表现得越好，王金石与霍延光二人就越会得到夸赞，因为没有他们两个人的努力，刘宇飞又怎么会有施展的机会呢?

就算在刘宇飞加入后，他们的行动失败了，那么孙宪超第一个要灭的也一定不会是他们这两个跑龙套的庸才，因为在他们的前面会有一个高大的身影作为挡箭牌保护着他们，这个人就是刘宇飞。即便王金石与霍延光真有什么大动作的话，孙宪超也一定会把账算在刘宇飞身上，原因只有一个，他是团队中最强的那个。

所以，遇到业务能力比你高的同事不一定就是坏事，一个强于你的同事也可以为你所用，为你带来成功，也可以在你失败时作为你的“替死鬼”替你挨下最重的第一刀。在职场中，能力强不一定是好事，也不一定就无人可敌，我们可以用为人处事上的优势让他们为我所用甚至是为我所害，就像刘备之于吕布，刘备之于卧龙。总而言之，职场之中利益是王座，利用则是王道。

第十五章

不加入小团体，并不代表你就可以置身事外了

职场“蜗居”第十五条：利益永远是职场一切事物的向导，你可以不会相时而动，但你不可以不会随“利”而动。

办公室原本只有区域划分，却没有团体划分，但是正是因为有人，办公室才充满了团体利益纠纷，才充满了明争暗斗。

这些纠纷和斗争不只存在于各个小团体之间，而且还存在于各个团体之内，存在于与我们朝夕相处的同事们之间，所以说办公室斗争无处不在，无论你是否处在小团体之内，你都难以远离办公室斗争。

而在办公室内部人与人之间敌友关系的不断转换的最根本的原因就是利益的纷争。有共同利益，那么你就必然会成为某些人的同志；有利益冲突，你就必然会成为某些人的对手。所以，只要你身在职场，即使你不愿与人为友或是为敌，别人也会主动找上门来。

1. 办公室政治无处不在

只要还有人在，只要还有利益冲突，那么办公室就永远不会安宁。不能否认每一个在职场打拼的人都必定有着自己的目的，都有着自己的利益，而每个人的利益就是他们行动的方向，就是他们找朋友或是树对手的依据。

所以不要认为你不加入任何小团体，或是因为你身在某个小团体，就可以单纯地自己为自己战斗了。事实上，只要你与他人有共同利益你就必定会有战友，只要你与他人有利益冲突，那么你就不可避免地会有对手。

不要单纯地认为职场上也是有好人和坏人之分的，事实上，职场上所有的人原本都是没有好或坏、敌或友之分的，正是因为他们所处的利益立场不同,他们才变得具备了好坏的特性,才成了我们的对手或是战友。

事实上，处在职场的每个人都是被利益玩弄于股掌之上的人，只要我们还坚持在职场上待下去，那么我们就必将会面临树欲静而风不止的局势。

我们可以让利给别人，也可以与人为善，但别人并非会单纯地认为我们这是在做好事，相反，他们会怀疑我们怀有更大的阴谋，我们这么做不过是在以小搏大，所以即使我们愿意伸出善意的手，也不会有人友好地与我们的手相握。

2. 利益才是职场万变不离其宗的根本

在职场之上，没有什么事是理所当然的，也没有什么事是水到渠成的。在你担心上司会将某项难办的事情交给谁时，最后上司就偏偏选中了你；在你希望能够顺利地把某项工作结束时，偏偏就会遇到某些障碍；在你努力了很久想要谋求某个职位时，上司提拔的偏偏就是别人……

你在职场之上遇到的所有的不顺似乎都是因为倒霉，然而事实上都是有其必然的原因的，所有事情的背后都有人在操作，都是有人刻意经营的结果。

如果总是把“防人之心不可无”挂在嘴上不免有些小人，可是职场上虽然没有小人，但是却有把正人君子变成小人的因素存在，所以，不要单纯地认为防人之心是多余的。

职场之上没有永远的朋友，也没有永远的敌人。身在职场，同事们对你所投来的每个眼神都未必是单纯的。

在你想要靠自己的努力赢得上司的青睐时，可能刚好就有人向你伸出援助之手；可能在你还没有平息对某人的怨恨时，对方早已开始对你“暗送秋波”以示友好了；可能在你得到了领导的褒奖时，原本和你同甘共苦的同事面部表情突然由晴转阴了……

不能否定办公室所有人的立场都不是一成不变的，不变的只有利益，在职场之上，人不过是随“利”而动罢了，所以，无论你想找朋友，还是树对手，只要你找到适当的利益所在，那么你想要什么样的联盟或是敌对都能轻而易举地实现。

3. 你可以不会做事，但你不可不会“喂养”上司

在职场，领导不是什么大不了的人物，也并非比谁更高贵，但是在

职场职位越高，权力越大，他们就越能决定下属的去留和公司利益的划分。所以在职场，你可以不会做事，可以做不好事，可是你却不能不会“喂养”你的领导。

如果你处处得罪领导，那么你早晚会被他们踢出公司之外，如果连公司都进不去了，再谈利益是没有意义的。

公司的利益是既定的，职位越高的人越是有权决定利益应该如何划分。所以，你可以不会创造利益，但你不可以不会引导领导把更多的利益分给你。或许有人会说，这是投机取巧，是下三滥的手段，可是这却是职场生存的必学之道。

俗话说：三分看业绩，七分看老板。无论你做得多好，如果老板不愿意把利益分给你，如果老板不喜欢你，那么你做得再好都是白搭。老板想要否定你的功劳，简单得如同踩死一只蚂蚁，所以不要无视你的领导，老板不在时他们就是你的老板。

或许会有人说，这样无视下属，不懂得保护人才的老板也不会有多大的成就。而老板会有多大的成就不是我们应该考虑的问题，我们更应该考虑的问题是在做好了相关工作之后，我们应该如何从老板那里拿到较多的回报，这才是最现实的问题。

而要很好地解决这一问题，就要看我们如何讨好上司、领导和老板了。溜须拍马或许能够讨他们一时开心，唯命是从或许能让他们不至于讨厌我们，但是这些都不足以让他们有足够的理由分给我们较多的利益，唯有多出业绩才是“喂养”上司们最好的养料。

4. 领导们是不会愿意主动让利给你的

好话谁都愿意听，上司们也不例外，溜须拍马谁都受用，但这并不代表你只要说说好话、溜须拍马就可以轻易从领导手中获得利益。

好话，特别是下属对领导们所说的好话，除了中听并没有多大的价值，因为领导们也很清楚，自己领导对自己的表扬，远比下属的奉承更有意义，所以他们永远不会因为下属的几句好话而让利给下属。

因此，在公司整体利益既定的情况下，永远要记得，领导们永远要拿更多的利益，因为下属们拿得越多，领导和老板拿得就越少。因此，永远不会有领导把自己的薪水分给下属。相反，领导们想的永远都是如何从下属们身上获得更多的利益。

所以，即使领导们喜欢你，他们也不过会在给下属们分红时，多分一部分给你，而给你的分红越多，那么你的同事们所得的就越少，所以，巴结领导也不能做得太明显，否则你就会成为同事们共同的敌人。

因此，在职场上敢于公开拍领导们马屁的人，一般都是早死的人，因为他们不明白马屁拍得越明显，自己的处境越危险。

此外，在职场不只有你一个人懂得讨好领导，你的其他同事们可能也在千方百计地做着和你同样的事情，只不过他们做得更小心，更隐蔽罢了。

5. 能从领导那里获得多少好处，还要看你的表现

上面我们已经说过,没有一个领导会因为好听的空话而让利给下属，领导们看中的永远都是更多的实际利益。所以，溜须拍马虽然可以加强你与领导们的关系，但你能否通过巴结领导而获得更多的实惠，还要看你的具体行动。

因为看中利益，所以领导们永远都喜欢能够给自己和公司带来更多利益的员工，永远都喜欢干劲十足的员工。所以，在领导面前保持良好的工作状态，这本身就是对领导的一种逢迎拍马。

因此，作为一个下属，你永远要在领导们面前保持精神抖擞，永远保持精力旺盛。不管你这么做是否是为了工作，至少你要让领导们看到你对工作的热情和激情，这样他们才会认为在他们所得的利益中，你的功劳更大，你对他们来讲更有价值。

无论在哪一个公司，没有一个领导会讨厌一个干劲十足的下属，因为没有一个领导会愿意替下属们工作。当然干劲有时只是一种表现，领导们更看重实际结果。

在与领导们保持良好关系的同时，你还要做出实际的成绩出来，才

能得到更多的实际利益，否则，在他们看来你做得很努力，结果却不尽如人意，只能说明你能力不够，实力不足。如果给了上司这样一种印象，那么，以后你对他们做再多的奉承都是没用的。

案　例

在例会开始前的这段时间里，不仅是对跟着聂常光吃挂落儿的这些人的折磨，对那些对事业部这三个部门想入非非的公司高层来说也是一种煎熬。特别是最近夺魁呼声很高的陆飞、韩云龙二人。聂常光的背叛对邱华文的打击之大是无法形容的，他的离开不仅使邱华文的几年甚至是十几年的规划完全打乱，也使得他的用人观发生很大变化。之前的邱华文乐于采用能力强又听话的外围人员逐步替代跟随自己多年的这些“老油条”。不过现在他的用人观念却被彻底地颠覆了，聂常光的离职使他感觉到他的想法只是一相情愿，现在这些外围人员在邱华文的眼中安全系数几乎为零，而那些公司里的元老级人物又重新占据了重要地位，在邱华文看来这些人虽然会时常反对自己，却永远不会离自己而去，所以作为资历最老的两个元老级人物陆飞与韩云龙自然会重新登上邱华文心中金字塔的塔尖。而且陆、韩二人本来就是之前背后控制着策划部与发行部的，现在在邱总那里的地位有了，职位上的复辟也只是个时间问题了，而且将这两个部门交给他们管也算是物归原主。

大家是这么想的，其实陆飞和韩云龙又何尝不是呢，而且面对着这么个大好机会，这两个野心勃勃的家伙一定不会只满足于“物归原主”。对于当前的形势，陆飞与韩云龙一致认为自己有了天时、地利现在缺的就是人和，只要有人在开会时支持自己，那么到时候自己能拿到的部门肯定不是一个两个那么简单，完全有可能成为下一任三部经理。所以在接下来的这段时间里陆飞与韩云龙都在笼络人心，只不过这两个人的努力方向却截然相反。

韩云龙认为谁能成为接管人，就是邱华文的一句话，说是留到会议上讨论其实那只不过是个幌子，以前聂常光有邱华文罩着，每次开会最大赢家都是他，而输得最惨的就是想打倒聂常光的人，对于这点韩云龙也是深有体会，所以他决定向邱华文靠拢，打破邱华文在陆飞与自己之间关系上的平衡点，使他更倾向于自己。这样即使自己不能成为邱华文心目中第二个聂常光，也会在与陆飞的较量中获得比他更多的好处。所以，在接下来的一段时间里。韩云龙对邱华文是大献殷勤，溜须拍马，表忠心自然不在话下。韩云龙的这一套动作下来，还是取得了不小的成果的。在邱华文最失落的时候，最需要的就是这么一个贴心安慰自己的下属，何况又是一个跟随自己多年的老部下，所以，邱华文在心中也对韩云龙平添了几分好感。邱总对自己态度的回暖，让韩云龙认定自己的策略非常正确，独揽事业部大权也是指日可待。不过他要是知道陆飞现在在想什么或者别人现在是怎么看他的，那么他保证连跟邱华文打声招呼的想法都不会有了。

韩云龙讨好邱华文的举动全公司的人都能看得出来，而对于作为公司焦点人物的韩云龙这么做的目的，大家也是一清二楚的。韩云龙以为自己挺聪明，选择了邱华文这条捷径，不过公司里的人谁也不比他傻到哪去。韩云龙开始不是想让自己在邱华文那里称为第二个聂常光吗，他的这个想法没有在邱华文那里实现，却在他的这些同僚身上实现了。韩云龙的举动很明显就是在向其他人昭示着自己要找邱华文做靠山，要当第二个聂常光。聂常光在的时候固然很得宠，但是韩云龙却忘了聂常光只是得老板邱华文一个人的宠，而其他人时刻都在嫉妒着他，当然也时刻都在想着扳倒他，韩云龙现在在没有得到邱华文完全宠信之前，却先得到了其他同事敌视的目光，这些同僚们现在想的是如何将韩云龙扼杀在成为下一个聂常光的摇篮里。韩云龙的做法使他成为了高管们的攻击，这也预示着他注定不会在例会上有什么收获。事情有时候就是这么怪，当你越想得到“人和”的时候，其他人与你就越是不“和”。

陆飞也想到了“人和”。不过与韩云龙不同的是，陆飞走的是亲民路线。自从徐德志离职，聂常光控制了整个事业部后，陆飞就彻底从HW内部竞争的旋涡撤离出来。不过这并不代表陆飞选择了退缩，相反地陆飞的这次主动潜伏，只是为了日后更好地发展，让自己站在矛盾之外，就可以避免为自己树立太多敌人，陆飞正是利用这样的一个时机，开始玩命似地笼络人心，为的就是有朝一日，让自己建立起来的这支庞大团队帮助自己完达成自己的目标。没有了利益冲突，陆飞的收拢对象们也是非常乐意与他为伍的，毕竟身边站着一位公司主管财政的重量级元老是件既拉风又实用的事。在这段时间里，要数行政部的刘经理与陆飞的关系处的最好了，二人一拍即合。不久，这个刘经理俨然成为了陆飞手下的一员得力干将，失去了一个小小策划部的主任却得到了一个发行部的经理，陆飞这次的拉帮结伙显然是赚到了，不过他的最大的收获还是在这次的例会上。

原事业部三个部门接管人的讨论会如期召开，正如HW高管们所料，陆飞与韩云龙成为了这次接管的热门人选，而他们之前的一系列动作也决定了各自的成败。韩云龙在接管发行部时，得到邱华文的支持，但却遭到了大家一致的反对，最终邱华文独臂难撑，不得不服从了会议室里的大多数，这也使得韩云龙成为第二个聂常光的计划宣告破产。而陆飞就不一样了，他不仅得到大家的一致同意，成功接管策划部，甚至还有相当一部分人提议将三个部门都交给陆飞管理，或者干脆就认命陆飞为事业部经理。要是之前的陆飞对于大家的这种热捧一定会顺杆往上爬的，不过现在的陆飞深谙“蜗居”之道，他知道自己太招摇就会惹来别人妒忌，而自己将这么大个馅饼独吞的话，就等于是抢去了其他人的利益，所有存在利益冲突的团体最后的结局都会是分崩离析。所以为了巩固自己的团队，在陆飞的提议下，行政部的刘经理接管了编辑部，韩云龙见势不妙，立刻站出来反对，理由则是身为行政经理管编辑是不是有些业余。还没等刘经理开口，陆飞倒先站出来替刘解围了，而他的理由则是，龙王爷的儿子哪有不会潜水的，身在图书公司的人，谁还没有两把刷子。不管这个观点是对还是错，反正陆飞的党羽遍布会议室，这样刘经理就在几乎全票通过下成为了编辑部的负责人。

陆飞这样做有很多好处，一方面他可以利用提拔自己人这个举动巩固自己在团队中的地位，因为谁都知道刘经理现在已经成为了陆飞的马前卒，是整个团队中最听陆飞话的人，重用刘经理正是陆飞用来告诉他人“顺我者昌”的一场表演，另一方面，刘经理掌管编辑部其实就等于是陆飞掌管编辑部，道理很简单，就是我们刚刚说过的刘经理足够听话。

接下来才是陆飞在这次会议中表演的最高潮，在发行部无人来管的情况下，陆飞竟然提议让韩玉重新回到发行部主任的岗位上，这让包括韩云龙在内的所有人都大跌眼镜，都不知道陆飞葫芦里究竟卖的是什么药。不过有了刘经理这样的楷模，大家对陆飞的支持更是争先恐后了，因为他们知道得到这样一个重量级人物的支持，说不定哪天哪个部门的负责人就会是自己，对于已经爬到这一步的公司高管们来说，现在的发展空间越来越小，发展难度也是越来越大，所以他们为了多捞点好处巴不得地想找一个比自己实力更雄厚的人来做靠山。现在陆飞既然给了他们这样一个梦寐以求的机会，这些人当然要牢牢抓住，他们现在争的就是谁会成为第二个刘经理，在部门之外获得更多发展机会。

如果说陆飞之前的做法是要巩固自己的团队，那么现在的陆飞想的则是怎样使自己的团队更加壮大。利用异己来博取圈外人的信服，这才是陆飞将利益拱手相让的绝妙之处，他的这一举动，使那些还在踌躇后跟陆飞混会不会不受重视的人彻底撇开了顾虑，因为他们看到陆飞的心胸居然这么宽广，而陆飞也正是要告诉这些心存顾虑的徘徊者四个字——"来者不拒"。

陆飞在会议上的举动可以说是"一石二鸟"，他不仅巩固壮大了自己的团队和自己的地位而且还使自己获得了几乎整个事业部，因为另两个人一个是他的"马甲"，另一个的实力对于他这种级别的人来说基本是"秒杀"系的。但是处心积虑的陆飞现在想得最多的并不是在得胜后如何沾沾自喜，他接下来要做的是怎样对付聂常光留下来的"残党"——李薇薇、王伟一干人等，因为之前在与聂常光的几次较量中，除了有邱华文的支持外，聂常光手下团队的力量也是不容小觑的，所以为了避免给自己留下后患，陆飞决定对以李薇薇为首的这些人采取进一步行动。

可以说以陆飞在HW的地位、人脉和实力来说，要想消灭李薇薇这些受聂常光牵连的旧部还是很轻松的，不过陆飞现在学会了小心谨慎，他要的是在不知不觉中处理掉这些人，毕竟抓这些小虾小蟹虽然不至于阴沟翻船，但是被这些小喽罗咬上一口也不太值得。所以，陆飞决定先将他们消化成自己的团队，如果消化不了再将剩下的消灭出公司。陆飞的第一个目标就是王伟，王伟之前在事业部的遭遇陆飞也是有所耳闻的，所以当陆飞将眼前利益和当前形势在王伟面前一摆，之前处处受挫的王伟就立刻投向了陆飞的阵营。但当陆飞以同样的招数准备说服李薇薇和孙宪超时，得到的则是坚定的回绝，这使得陆飞很郁闷，所以他正在酝酿着自己的第二套方案，如何消灭这些不肯买自己账的虾兵蟹将。

其实就在陆飞来找李薇薇这些人之前，韩云龙已经快他一步来拉拢李薇薇等人了，不过韩云龙得到了和陆飞一样的下场。李薇薇拒绝这两个目前HW公司最大团队的邀请是在她对目前公司形势的分析之后，李薇薇认为公司现在可以分成三大阵营，一是以邱华文为首的老总旗下的团队，不过在聂常光走了之后，这个团队在实力上被大大地削弱了，不过只要有公司老大邱华文在，这个团队的掌控力还是无人能撼动的。而对于现在公司影响力最大、也同样是最具实力的陆飞团队则无需多做形容，这个团队从综合实力上来讲现在就是公司的NO.1。至于韩云龙的阵营，无论是人才储备还是在公司的影响力都是无法和另外两支队伍相提并论的，而且现在他的团队还出现了人员流失，很多人都在看清了当前形势后投奔到了陆飞的旗下，而韩云龙之所以能坚持到现在，完全是因为他在公司的资历和地位。在必要的时刻，与陆飞平起平坐的韩云龙可以越过陆飞团队的任何一个下属与其直接对话。

在对当前形势分析过后，李薇薇下的结论就是三支团队各自都有各自的优势，现在任何一个团队都有机会扳倒其他团队，所以无论自己这个在野小团队加入哪一方都是有得必有失，而要想安全的游走于这三大阵营的缝隙之中又不太可能，因为受到聂常光的牵连，或迁怒于自己，或忌惮聂常光留下的旧部，现在这三个团队一定都在想方设法地要消灭自己以除后患。所以现在李薇薇想的可不是投靠，而是要计划如果利用这三个团队之间的矛盾，使他们发生冲突，将注意力从自己这方转移到对手身上，而李薇薇要做的则是跳出他们的圈子寻找机会扭转战局。

就在李薇薇考虑如何凭自己的微薄之力在公司内部掀起一场腥风血雨时，陆飞已经向她伸去了“毒手”，现在李薇薇的团队之所以还能在HW公司占有一席之地，无非是因为他们牢牢地抓住了与徐德志那个公司的网络市场合作这个项目，所以陆飞决定抢走他们手中的救命稻草，让他们在HW公司无立足之地。

陆飞自忖与徐德志的关系还算不错，虽然为了拿回资料特意回老家堵过他，不过那也是为了公司利益，而且现在的徐德志就是给人一种利益大于一切的感觉，所以陆飞感觉自己出面跟徐德志谈让他跟自己合作，这个老部下一定会卖自己的一个面子的。可是没想到信心满满的陆飞再一次地被人拒之门外，而这次陆飞在懊恼的同时又多了一丝不解，以自己今时今日在公司的地位，不比一个叛将的小喽罗李薇薇还有话语权吗，强势的找上门来不接待，非要去找一个弱势的合作，这就是陆飞的不解之处。而他不知道的是，他的优势正是徐德志拒绝他的原因。在徐德志看来，HW 公司内部的斗争跟他毫无关系，他首先要考虑的是自己的利益然后是公司的利益，如果徐德志现在选择放弃李薇薇这个合作伙伴转投老上司陆飞那里，那么他就无疑在向大家昭示自己已经加入到了前任公司的团队中去，而这之后所发生的是是非非一定也不会让徐德志脱得了干系，这样不仅会让自己的利益受到损失而且还会在现在的公司为自己造成不好的影响。如果徐德志一旦表明自己掺和进了 HW 的团战之中，那么陆飞一旦被击败，自己自然也会跟着受到牵连，搞不好最后这次合作项目都会因自己而泡汤，那样的话徐德志可就是捅了大篓子了，不光会让自己丢掉饭碗，还会让自己在业内得到不好的名声。另一方面，陆飞强大的实力也是徐德志忌惮的地方，作为自己的老上司，在与陆飞的对话中徐德志始终有一种紧迫感，所以徐德志担心这样的感觉会带到谈判中，让陆飞占到了主动权影响自己的谈判效果，那样的话自己和公司的利益都会受到损失。而与李薇薇合作就不一样了，虽说大家都是在博弈，不过李薇薇和徐德志算得上是平起平坐，实力相当，所以在棋逢对手的情况下，这盘棋自然也会越下越有意思。不过表面上看是徐德志拒绝了陆飞选择了李薇薇，可实际上徐德志从头到尾没有做出任何选择。

章后“一”问：

为什么主管行政部门的刘经理会甘心成为主管同级别财务部的经理陆飞的手下？

释疑：解释这个问题可以从两方面入手，一是两人在公司的资历以及地位。主要的还是要看资历，俗话说“倚老卖老”，其实这里的“老”代表的就是资历，在职场中的“老”是真的可以作为资源换来一些东西的，这些东西中包括经验、尊重、人脉等等，而其中最重要的就是“地位”，在职场中资历越老的人往往就会越有地位，作为HW公司的化石级人物陆飞，在资历上一定要比这个刘经理更深，所以在得到刘经理理应有的尊敬的同时，地位上自然也要比他高出一大截。至于其中另一个原因则是两人所管的部门不同，陆飞负责的财务部可以说是整个公司的衣食父母，公司财务大脉的掌控者正是陆飞，而刘经理所管理的行政部虽然与财务部属于同一级别，但是由于工作性质行政部更多的是负责幕后工作，并不能受到重视，所以一个是核心部门一个是边缘部门，两个部门所创造的价值不同,在公司受重视程度自然也就不同。陆、刘二人虽然在公司分管同级别部门，但是由于他们的地位以及受到的重视不同，在身份这个级别上自然就会有高低之分。

所以，我们今后对两位领导进行比较时，不要一味地只看重两者的职位高低，我们还要结合他们的资历身份以及负责的工作进行比较，作为员工，我们要有一双会识别领导的慧眼，它会帮助我们在与领导的接触中不盲目、不被动、不出丑、不得罪人。

第十六章

如果损失物质利益能换来人情利益，那这个买卖可以接受

职场“蜗居”第十六条：不是所有的让步都能得到善意的回报，如果损失物质利益能够换来人情利益，那么这个买卖值得一做。

职场就是生意场，做生意尚且需要讲人情，职场当然也少不了讲人情。在职场人们最关心的就是利益，但是因为有人情在，职场围绕着利益而产生的一系列竞争就可能会变成良性或是恶性竞争。职场竞争的最终走向，关键就要看人与人之间感情的好坏。

有人情在，那么竞争就可能变成合作；没有人情，合作双方也可能会反目成仇。所以说，人情虽然并不能直接带来利益，但人情却是职场利益纷争的润滑剂。

然而人情从何而来？当然是从满足人的需求中而来。所以说，如果损失物质利益能换来人情利益，那这个买卖可以接受。

1. 同事间的纷争不只是因为利益

有人的地方就有矛盾，不能否定人与人之间的矛盾、纷争并不一定非得有原因的，也不一定是有理有据的。就如有些人喜欢一个人说不清理由一样，有时候有些人讨厌一个人也是不需要理由的。

是人总是会有一定的脾气、秉性、兴趣、爱好，虽然大家涉足职场都是为了利益，但是很多时候意气和情绪是会战胜理智的，这就是在职场有些人为什么会无缘无故地讨厌一些人，会忍不住与人为难，最后搞得两人关系水火不容的原因。

如果理智地来考虑，这种事情不该发生，可是从感性的角度出发，这种现象却可以理解，而且在职场这种情况还很常见。

不管是员工还是领导，总有一些人个性非常鲜明，他们天生就看不惯一些人，总是想要与之争吵或是针锋相对，然而实际上这些人可能原本和他们并无个人恩怨。

这种情绪和这种做法虽然是真性情的体现，但是却不是职场长寿之道。因为个人喜恶就对别人怒目而视，这样很容易会引起矛盾。

人都是有感情的，一旦事情变成人与人之间的情绪化的矛盾，那么事情就难办了。由物质利益引发的矛盾可能会因为利益的消失而消失，可是个人恩怨则不会因为事过境迁而有所改变，相反则可能日久积深。

或许你因讨厌某人而打击某人，或许他们暂时无力还击，只能吃哑巴亏，可是职场风水轮流转，说不定某天他们摇身一变就成了你的上司，而他们一旦有能力报复你，那你的倒霉日子也就到了。

而你一旦被人整了，你就会怀恨在心，进而等待时机，等自己翻身以后再加以报复，个人矛盾一旦如此往复，职场就会变得异常可怕，所以在职场，只关乎个人的矛盾需要尽量避免。

2. 物质利益是职场第一追求，却不是唯一追求

不能否定物质利益是人们涉足职场的第一追求，但是，人都是有感情的，有人的地方就有人情，职场也不列外，有了人情就有人愿意为你行方便，帮忙，给面子，所以说，人情虽然没有物质回报那么实在，但是人情也是一种利益，也是人们身在职场的追求之一。

人情是人们再熟悉不过的事情，但是它的存在却一直都不属于社会显规则。人人虽然都想卖给别人人情，却没有人敢大张旗鼓地这么做。

这主要是因为现有的社会伦理道德教育人们，滴水之恩当涌泉相报，所以在人们的思想里，得了别人的好处就要给予回报。只有这样做才算是有社会道德的人，否则人们就会受到良心的谴责，惶恐不可终日。

所以无故卖人情给别人，就等于向别人索取回报。所以即使人情能够主导人际关系的走向，可以影响人们对待问题的态度，可以帮助人们解决很多光靠物质利益解决不了的事情，但是换得人情的方法不能太明显。

即使如此，还是有很多人渴望通过卖人情来影响别人对自己的态度，使得他人在面对物质利益引诱的时候，能够通过道德和良心的主导从而选择更有利于自己的做事方法。

而且，有人情在，物质利益对人的影响就会被削弱。在职场人人

都高喊讲道义，讲人情，就是因为有了人情道义更能约束人们不要见利忘义。

不过，不要见利忘义很多时候都是职场人士说给别人听的，因为大家都希望别人能够讲人情讲道义，自己未必会因为道义而舍弃利益。只不过为了让别人笃信道义，坚守仁义，所以表面上人人都会讲人情，讲道义。

虽然这样的人情道义有些虚伪，有些自私，但是，这也是人们争取到物质利益的一个有效手段，所以，很多时候很多人在职场直接追求的不只是物质利益，还有人情利益。

3. 得罪的人越少，职场之路越好走

前面我们已经说过，职场就是一个零和游戏场，一方获得的利益越多，那么另一方获得的利益就会相对变少。而在职场上，人人都想获得更多的利益，所以如果我们争取到了更多的利益，那么我们在无形之中就等于得罪了他人。

但是我们毕竟不是职场之上无欲无求的人，我们也有自己的目标，我们也不能因为怕得罪他人而选择放弃自己所追求的目标，但这也绝不能成为我们得罪他人的借口。

竞争可以公平地进行，也可以通过非正常的竞争获取胜利。如果采取光明磊落的方式获胜，那么别人即使败在我们手下，也只能自叹不如。但是如果我们采用非正当方式赢得竞争，那么我们虽然能够赢得暂时的物质利益，但是却可能会结下一个敌人。

因为他人会因此而看不起我们，会因此而仇恨我们，这样一来他们之后必定会千方百计地算计我们，寻找机会对付我们。俗话说：不怕贼偷就怕贼惦记。而我们一旦上了别人的黑名单，那么危机也就随时会降落到我们头上。

所以即使得罪人在所难免，我们也不能为了物质利益而不顾道义得罪他人，从而给自己之后的路埋下隐患。我们只能在公平竞争不违

背社会道义的前提下，争取到自己希望争取的利益，而不能为了利益不顾道义。

4. 不是所有人都会按规则出牌

虽然我们为了不得罪他人在尽量做着高姿态的让步，但是在职场之上并非人人都会按规矩出牌，不是你怎样对待别人，就能换来怎样的回报。

首先，对他人来讲，无论你获胜的方式是高尚还是卑鄙，只要你获胜了，那么他们就得不到你所能得到的利益，这和你取胜的手段没有太大关系，他们同样会与你交恶，同样会在心里暗暗给你记上一笔账，以待日后报复。

其次，你用正大光明的方式与人竞争，但是别人为了取胜可能会不择手段，甚至不惜人身攻击，这时你该怎么办？与他们讲理是没有用的，他们眼中只有利益。或许这么说有些偏激，但是为了保险起见，宁可信其有，不可信其无。

再次，即使你选择主动让出利益，别人也并非会认为你这是在向他们示好，相反他们可能会认为你这么做只不过是为了显示自己的优越性，告诉他们，你根本不屑于与他们相争，因而挫伤他们的自尊。

由此看来，无论你怎么做都可能会因此而得罪他人。不过事情也并非没有转机，也不是所有的人都会这样不按规矩出牌。

因此这就需要我们因事而异，因人而异，对待不同的人，采用不同的方法，对待不同的事选择不同的手段。

5. 如果损失物质能够换来人情，这个买卖可以做

在职场上，或许很多人都遇到过这样的情况。在两个人发生口角时，你去劝说，可是被你帮着说话的一方却可能根本不买账，反而把你当做

对方的帮凶。

出于同事情谊，在你看到一个同事被领导批评后，热心地跑去劝导对方，可是对方却会认为你这是在看他的笑话，你对他的安慰不过是想告诉他自己没有被领导批评而已，从而对你抱怨不止。

为了相互帮助，在你看到一些同事做事遇到困难时，积极伸出援助之手给予帮助，对方不仅不表示感谢，你帮他们做完事情，反而会遭到对方啰唆，说你这是在向他们显摆你的能力，你这是有意在告诉大家你比他们强。

在外人看来这些人都不免有些不知好歹，可是在职场这些现象却很普遍。这些人一般功利心很强，喜欢嫉妒他人，所以他们自尊心极强。即使你对他们百般示好，他们都可能不会买账，更不会知恩图报，对于这样的人，我们确实没有必要自讨没趣。

相反，对于那些懂得投桃报李，懂得与人为善，懂得把别人往好处想的人，一般他们受到别人的点滴帮助后就会尽量报答。与这样的人互为对手，对我们来讲能否取胜根本不是重点，相反能够取得他们的好感和信任才是最重要的。因为和这种人竞争取得胜利对我们来讲远远不如让利给他们对我们更有好处。

虽然我们会因此而丧失了一部分利益，但是我们却卖给了对方一个大大的人情。这样一来，之后他们就会对我们报以意想不到的回报，所以这个买卖值得做。

案　例

李薇薇通过徐德志知道了陆飞已经向自己放出了第一波攻击。为了自己和自己团队的安全，李薇薇不得不重新做一下战略部署，因为她知道无论是她还是她的团队只要一个被消灭，那么另一个也会随之倒下，还因为李薇薇从徐德志那得到的不仅仅是陆飞开始向自己进攻那么简单的一条消息。从徐德志的话中李薇薇还了解到自己现在危机四伏，不光是陆飞，就连韩云龙也通过韩玉与徐德志不断联系要他把合作项目转移到发行部来，目的就是要把李薇薇手中的唯一资源据为己有，之后对公司毫无用处的李薇薇和他的团队自然就会土崩瓦解。陆、韩二人之所以会同时对李薇薇明目张胆地采取行动，一方面是因为他们忌惮的聂常光余部现在实力微不足道，这正是将其彻底消灭以除后患的大好时机，另一方面现在不光是陆飞与韩云龙想置李薇薇于死地，就连邱华文也将聂常光的叛逃迁怒于他的旧部下身上，而且对他们也是非常地不信任。邱华文认为这些整天跟在聂常光身边的人对他的一举一动不会完全地毫无察觉，这些人里一定有知情不报者甚至是聂的同党，他们早晚都会像聂一样背叛公司去投奔自己的老上司。这种情况在职场中也是非常多见的，一个领导跑了势必会带领他的团队一起离开，而现在聂常光之所以会跑得这么利索，将自己的得力下属全数留在公司，一定是有他们不可告人的秘密的。所以让聂常光气得有点神经质的邱华文将事业部里的每一个老员工都当成了聂的同党，这其中当然要数李薇薇的嫌疑最大，只不过这也只是邱华文的猜想。在没有任何证据的情况下，拿这些“X-MAN”们没什么办法的邱华文也只好用时间来检验他们的忠心了。在这个过程中邱华文最希望的还是让这些人自生自灭，一方面绝对不会分配给他们任何重要工作，另一方面他还是想让这些不稳定因素尽可能快地自动消失。所以在得知陆、韩两个人向李薇薇发起进攻时，邱华文采取了纵容态度。陆飞与韩云龙也正是在邱华文的默许下才敢这么肆无忌惮的对李薇薇“赶尽杀绝”。

其实当时徐德志把这些事告诉李薇薇无非是想给她提个醒，让李薇薇迫于压力之下在合作中多让给自己一点利，结果没想到李薇薇却从他的话里话外分析出来当前的形势对自己来说就等于是在坐以待毙，而更让徐德志想不到的是李薇薇决定将自己应得的利益让给别人，而他恰恰就是李薇薇决定让出去的那部分利益。

李薇薇将孙宪超和刘宇飞叫进了办公室，准备和这两个手下一起研究一下接下来的对策，在网络市场组的人员不断流失的情况下，可以说办公室里的这三个人已经成为了目前这个团队里的绝对支柱。这里值得一提的是刘宇飞，本身就以一个“叛将”身份来到当时还如日中天的事业部的，而在事业部靠山离开、部门解散后，刘宇飞却拒绝了陆飞与韩云龙的诱惑毅然决然地选择留守，用他半开玩笑的话说就是：“选择最具挑战性的，誓与团队共存亡，死也有孙宪超当垫背。”

三个人在办公室中开始商量起了对策，李薇薇认为之前那种坐山观虎斗的想法已经不能奏效了，因为现在的情况是这三只老虎非但没有斗的意思，还把矛头一致对准了自己，很显然这三巨头都将李薇薇作为了第一目标，李薇薇这个团队一日不能平定，这三个人是不会“同室操戈”的。包括陆飞将发行部拱手让给韩云龙的这个决定气势也是为了牺牲掉一部分个人利益避免韩云龙来找自己的麻烦，这样在处理李薇薇的时候就会更加地从容不迫。

认清这一点后，办公室内的三个人都清楚了如果自己再不做点什么的话就是必死无疑，所以他们一致决定要赶在任何一方的下一轮攻击到来之前重新为自己找个靠山。因为以自己在公司的实力和地位来说，如果对方下决心除掉自己的话，那么团队中的任何人都不可能幸免于难，他们之前的攻击也只不过是在试探，所以现在这个随时都能被狂风暴雨掀翻的小木筏必须要找到一个足够大的避风港来躲避这场灾难。

对于靠山的选择，三个人的意见还是非常一致的，这个人就是公司的老板邱华文，目标选定之后，剩下的就要看这三个人能商量出来什么对策了。孙宪超之前听到过李薇薇要让利的这个主意，于是忙问是不是要将目前负责的工作拱手让给邱华文团队。没等李薇薇作出回答，刘宇飞就提醒孙宪超道：“别忘了邱华文是公司的老大，公司里的一切都是他的，咱们手上的这些东西对陆飞和韩云龙来说可能是个诱惑，不过对于邱总来说根本算不上什么利，因为这些本来就是他的。”

“而且，我敢说我们如果把手中的工作全部交给邱总的团队来处理的话，那么我们回来之后还要准备再交一个东西，那就是辞职信，我们仅有的资源交了出去后，那我们不就成了光杆司令了？一个对公司毫无用处又受到挤压而且背景又不好的团队面临的结局只有一个，那就是被淘汰。”李薇薇接着补充了刘宇飞的话。

“既然我们手中的唯一资源在邱总那里变得一文不值，那我们还能用什么换来他的信任呢？”刘宇飞虽然知道不能把网络市场交出去，但一时又想不出其他对策。

“理论上来讲，换取别人的好感除了用利益就是用人情。不巧的是这两样我们现在都没有。”孙宪超也表示出了无能为力。

“孙宪超说对了一半，有时候不一定非得是自上而下才够人情，同样作为公司的一员，邱总应该对我们一视同仁，而我们现在却遭到了公司所有高层的排挤，这其中最重要的原因就是聂经理的离职使这些老总们对他的老部下失去了安全感，他们认为我们早晚都会离开HW投奔聂经理而去，所以现在的当务之急并不是给他们什么甜头，现在要做的是想方设法地让他们吃下我们的定心丸，告诉邱华文就算公司没了，我们也会跟着他打天下，让他知道我们的老大始终是他，而不是其他任何人。”李薇薇向两位无助的手下解释道。

“话虽这么说，不过说得简单做着就难了，邱总要是真这么容易地就相信我们了，那咱也就不用整天提心吊胆地等着什么时候被扫地出门了。现在我们连跟邱总接触的机会都没有，又谈何给他定心丸呢？”还是找不到方法的刘宇飞逐渐地陷入了悲观。

“要是按着李主管和刘宇飞这么说，方法倒不是没有而且还很简单，其实员工要想跟上司主动接触很简单，那就是让这个上司注意到你在工作中的表现，你表现得越好你的上司就会认为你对他越忠心。当然偶尔也会有例外，就像咱们的聂经理那样。所以说咱们在向邱总表忠心的同时还要向他表示自己一点野心都没有，这样他就会对咱们安心了。”

“对，其实有时候解决人情关系不一定非要七扭八歪的，只要能让对方拿到他想从我们身上拿到的东西，他就会高兴，就会对我们有好感，作为下属我们要给邱总的就是工作质量和安全感。我们下一步的安排就是工作——努力地工作！”李薇薇坚定的说道。

在接下来的一段时间里，李薇薇小组的工作情况可谓是雷声大雨点也大，他们在与徐德志的二期谈判中为了尽快出成绩不惜在公司允许的范围内让了很多利给他，尝到甜头的徐德志自然也是对李薇薇一路放心，这就使得整个合作项目进展神速。李薇薇的表现整个公司有目共睹，特别是在公司上下全盯着网络市场这个又有潜力又出业绩的项目的情况下，对于李薇薇的工作成绩邱华文自然也是有所耳闻，再联系她之前创下的首印神话，现在在邱华文心中，李薇薇已经变成了网络市场项目上无可替代的那个人了。不过一想到他是叛徒聂常光的老部下而且还是得力干将时，邱华文对李薇薇的态度就说什么都好不起来了，出身问题始终让邱华文对李薇薇存有偏见。不过没犯过罪的人不能罚，但立下功的就一定得奖，所以李薇薇带领的小组成员由于工作完成出色均得到老板语言加物质的奖励，这不仅让李薇薇看到自己的初步计划奏了效，还使得开始看到大势不妙准备开溜的那些组员在得到实际利益后稳定了工作情绪。

得到邱华文对自己工作方面的认可后，李薇薇决定采取下一步行动，这一步行动的成功与否才是她整个计划的关键，也直接决定着李薇薇团队在公司的生存问题。她的这步计划就是让老总在工作上认可自己的同时，对李薇薇这个HW员工的身份也要充分认可。李薇薇认为一个好员工除了在工作上表现出色外，在人情世故上也要尽量讨得老板欢心，就算不能完全得到老板的好感，也一定要让他对自己完全放心。现在李薇薇团队在公司岌岌可危的原因就是出在这里。所以李薇薇接下来就是要向邱华文表忠心，献诚意。她决定把网络市场合作小组交给邱华文直接管理或者是让他派自己的人参与到其中，在功勋簿上添上一笔邱华文的名字，这样做的目的就是要明确地告诉邱华文，李薇薇不是贪功的人，她的工作离不开领导的指示。

李薇薇这个决策可以说选择的时机是恰到好处，首先她的工作表现得到了邱华文的认可后，就算李薇薇把自己的团队与邱华文分享的话，无论是处于对这项工作的经验还是能力又或者是掌控力来说，李薇薇也仍然会在这个团队中站主导地位，依然会成为核心而不会被边缘化。另外经过一段时间后，邱华文也从聂常光背叛的愤怒中走了出来，冷静下来的邱华文这才注意到公司的格局在他盛怒之下发生了翻天覆地的变化，之前已经被自己和聂常光打压下去的陆飞和韩云龙两大势力又重新掌握了公司的大部分资源。最让邱华文后悔的是居然将自己之前费尽千辛万苦才从陆飞和韩云龙手里夺过来的最大核心部门事业部又拱手还给了二人，而自己手中能接管的部门确实越来越少，虽说现在邱华文还是公司老大，但照这个态势发展下去的话，到最后邱华文很可能落得个有名无实的下场，这样的话后果可比聂常光自立门户可要严重的多。到了这时候邱华文才想起来原来提拔聂常光只是自己的一种兴趣，而自己最终的目的是压制陆飞与韩云龙。虽说这两人是自己的老部下，在聂常光走后本应再次重用这二人，但是在公司时间越长的员工就越是不服领导的管理。如果邱华文让他们在公司独霸一方的话，最后出现鸠占鹊巢的可能会非常大，损失一个聂常光和损失整个HW相比，这笔账邱华文当然是很清楚的了，所以他为自己在冲动下做出的决定后悔不已，同时也在为下一步与陆飞、韩云龙二人的夺权行动做着准备。李薇薇在这时将自己的网络市场资源拿来与邱华文分享，这不可不谓是一场及时雨。这件事之后，冷静下来的邱华文自然而然地了解到了李薇薇的用意，从而也就消除了之前对她的偏见，而李薇薇的及时投靠，也给刚刚失去“左膀右臂”的邱华文带来了希望，聂常光有很多，HW却只有一个，所以邱华文也在潜意识里将李薇薇当成了第二个聂常光去保护去培养，目的不是为了下属的发展而是为了自己在公司里无人可撼的地位。

章后“一”问：

刘宇飞不离开李薇薇团队的真正原因是什么？

释疑：要知道刘宇飞没有离开在公司岌岌可危的李薇薇团队的真正原因，首先就要弄明白他为什么离开王伟的团队。刘宇飞之所以离开王伟的团队也并不是因为王伟失势，而是因为在他的团队中刘宇飞处处受到打压，丝毫看不到有什么发展前景，所以有能力有野心的刘宇飞自然不会容忍自己再待在这样不能给自己任何机会的团队之中。而李薇薇的团队就不同了，李薇薇和孙宪超足够器重他，认可他的能力，又恰逢这个团队正处于多事之秋，事情多，锻炼的机会也就多，所以以刘宇飞的性格和目标来说，与一潭死水的团队相比，他更喜欢的是能让自己承担更多大风大浪的团队。

在职场中，一个人的发展跟他的工作环境是有很大关系的，这个环境其实也就是他所处的这个团队。大团队能给你一个安稳的发展空间，但是作为还在起步阶段的员工来说，这无疑于将你扼杀在了成长的摇篮里，小团队虽然不能给你提供丰富的资源而且会让你一直处于紧张兮兮的危机感中，但正是这种危机感才是促使你不断进步的源泉。对一个企业的底层员工来讲，我们就像一片树叶，把他放在大海中他可能什么都不是，而且很快就会被大海吞没。但是如果把这片树叶放在杯子里的话，那么他就可以只手遮天。

第十七章

如果你只想占便宜不想吃亏，你永远会是孤家寡人

职场“蜗居”第十七条：如果你足够强大，那你根本不用吃亏，但如果你还不够强大，那就把吃亏当作享福。这种福享得多了，自然有回报！

职场之上没有人想吃亏，更没有人想永远吃亏，只是有些时候，不吃亏，你就可能会得罪人，你就可能因此而树敌，你就可能要吃更多的亏，所以有时候有些人不得不吃亏。

那么哪些人更应该多吃亏呢？

有权有势的人？他们根本用不着吃亏，因为无论在哪些方面他们都能以绝对的优势压倒别人，让人即使吃了亏也无处申诉，对他们造成不了什么危险，所以他们不用吃亏。

没权没势的人？这种人往往最不愿吃亏，因为他们原本拥有的就很少，再让他们吃点亏，那么他们就不得不倒贴，可是他们又不得不吃亏。因为他们实力不如别人，即使想占别人便宜也是不可能的。

所以对于一些无权无势的人来讲，与其被人强制吃亏不如主动吃亏，这种亏吃多了，并非是坏事。

1. 没有人会愿意和总想占便宜的人为友

职场上谁不想多占点便宜、多捞点好处呢？便宜谁都想占，可是谁又愿意让人占便宜呢？于是职场上就出现了你争我夺、众人纠缠得不可开交的现象。

诚然人都是自私的，也都是渴望越过越好的，没有谁会希望别人比自己越来越强，而自己则越来越差劲，所以虽然大家嘴上不会说，但是心里都是希望能够多占点便宜的。

占了别人的便宜，可能实惠并不多，但是却能让人有一种满足感，认为自己用较少的付出，得到了较大的回报。

在欣喜的同时人们或许会对吃亏的一方略微地持有那么一点愧疚和不安，但是占便宜后欣喜的感觉往往会大过愧疚，所以人一般占的便宜越小、次数越少愧疚的感觉也就越少，相反则会越大。

被别人占了便宜，虽然人人都会心有不忿，但是并非人人都会大张旗鼓地表示自己的不满。因为可能碍于情面，可能怕别人说自己斤斤计较，所以很多人即使被人占了便宜，即使自己不高兴，也不会明说。

不明说当然并不代表他们不会把这些事放在心上，相反，心中不平，他们就会对这些事耿耿于怀，进而会对这些占便宜的人产生厌恶之情。以后不仅会防着他们，还会非常不愿与之共事。

或许对占便宜的人来讲，占便宜虽然会有那么一丝良心谴责，但是那不过是一丝而已，影响不到人们的心情。可是吃亏的人则不然，他们会郁郁寡欢，甚至把对某人的反感最终在心里发酵成怨恨。

这样一来，爱占便宜的人为了自己占便宜，所以他们总是不喜欢其他爱占便宜的人；不想吃亏的人更是不愿和爱占便宜的人交好。因此总是爱占便宜的人很容易会成为人人反感的孤家寡人。

2. 任何人愿吃亏必定都是有原因的

在职场，利益就是自己的生存之本，无利可图，谁还会这么累地在职场钩心斗角呢？如果真的无利可图，那么职场很快就会不存在了。

所以说利益就好比衣食，人人都需要，人人都想要。但是有些人却与众不同，他们想的不是怎么去占便宜，而是怎么去吃亏。

乍一看这些人似乎有些傻，然而事实并非如此，要知道，职场上没有那么多单纯的事，任何人愿吃亏都是有原因的。

吃亏就等于让利给别人，让利一次或许别人不会对你有太大的愧疚，但是拿人手短、吃人嘴软的道理是人人皆知的。你让利给别人的次数多了，数量大了，他们还会无动于衷吗？他们还会心安理得地就这么一直占你的便宜吗？

或许有些人会说会，的确这种可能不能否认，职场原本很广阔，什么样的人都可能存在，一直占便宜而不觉得不好意思的人也是大有人在。但是职场上更多的是良心未泯的人，他们可能不会主动做好事，但是他们也不会刻意去做坏事。

只要有这样的人在，那么给他们一些好处，多让他们占些便宜，次数多了，他们就会觉得愧对于你，所以在心里他们就开始朝你靠近，对你产生好感。在你需要他们帮助的时候，在不损坏自己利益的前提下他们就会向你伸出援助之手。

一旦他们打心里愿意帮助你,那么这些人对你来讲就是有用的朋友。和这些人成为朋友，那你在职场上就少了一些对手，多了一些盟友。这对你之后的发展只会有助，不会有害。

正是因为如此，才会有人愿意主动吃亏，只不过他们在选择吃亏时，所看到的不是眼前的小利，而是之后的大利。

3. 敢吃亏最后才能不吃亏

虽说便宜占多了会让人心虚，但是，人们并不会因为心虚就不去占便宜，甚至可以说占便宜是人的本性。

有位作家曾经说过，想要知道一个人的成就有多大，看他有多大的自制力就知道了。的确，人如果只能按照自己的本性去做事，那么这个人未免也太单纯了，所以真正能做好事、做成事的人，一般都是敢于吃亏的人。

俗话说：吃一堑才能长一智。对一个经验不足的职场新手来讲，不吃亏、不上当、不被耍，怎么知道别人的手段和智慧，怎么知道自己与他人的差距，怎能学到知识和经验？所以说吃亏更能长见识、长知识，更有利于一个人不断进步和完善。

相反，如果一个人只想占便宜，那么占到便宜之后，他或许会为自己的聪明之举沾沾自喜。他可能确实也获得了一定的好处，但是他所获得好处不过是暂时的小利，而他失去的可能是一位朋友，也可能是一次向别人学习经验吸取教训的机会。

当然吃亏都是要有代价，但是和所付出的代价相比，吃亏所能获得的长远利益远远要大于眼前利益。所以，一个人想要做大事，首先就要敢于吃亏，亏吃得多了，他自然就会学到很多不吃亏的智慧，从而赢得更多的利益。

4. 永远吃亏的不是傻子就是笨蛋

大家总说吃亏是福，但是如果有人总是吃亏，那这人不是傻子就是笨蛋。因为只知道吃亏的人，只会被人忽视、被人埋没、被人踢出职场之外，只会把自己的一切拱手让给别人。

"吃亏是福"一直以来都被人们奉为至理名言，只是这里所指的吃亏只是做给别人看的，是掩人耳目的手段，是暗渡陈仓的障眼法，吃亏只是手段，得福才是目的。

首先，吃亏可以让那些自认为聪明的人因为占到一些小便宜而痛快一时，从而放松对你的警惕，让他们认为你是没有什么能力的人，是对他们没有威胁的人。这样一来他们就不会刻意以你为敌，你就可以成功地避开一些职场障碍，为自己之后大显身手争取更多的机会。

其次，总吃亏的人，在别人看来智慧和能力一定不济。所以职场上没有人会把总吃亏的人当做危险人物，相反，还可能会有人出于同情与你交好，他们这种举动虽然可能是为了加强自己的实力来拉拢朋党，至少你会因此而获得一定的好人缘。

由此看来，亏不是不可以吃，而是不能永远都吃亏，否则亏吃得多了，利都让给了别人，自己可能就什么都没有了，所以总是吃亏的人不是傻子就是笨蛋。只有懂得用吃亏瞒天过海，为自己的将来筹谋策划的人才是真正会吃亏的人。

5. 能吃亏也要有耐力

职场上没有傻子，不要以为你所想的只有自己知道，也不要以为你能想到的别人想不到。相反，你所想的很可能早就被人猜中了，你所想的也可能正是别人所想的。

吃亏是福的道理谁都知道，吃小亏谋大利的策略人人都懂，不是只有你一个人会用瞒天过海的招数，别人可能早已把这招练得炉火纯青了。

而谁才能成为最终的赢家呢？那就要看谁更能忍，更有耐力，谁更能挺到最后。吃上一两次亏就能谋取到一次获得更大利益的机会，那么这种亏谁都愿意吃，谁都想吃。

可是一旦你从吃亏的角色中挣脱，开始谋求大利，那么你的本来面目就等于被人看清楚了，这样一来大家不仅不会认为你大度宽容，相反会认为你阴险狡诈，从而加强对你的防范，这样一来你再想伺机争取利益就会变得难上加难。

相反，如果你能够把总吃亏的角色扮演得足够长，那么人们就会在习惯成自然的惯性思维中，认定你只会吃亏，从而不会突然改变对你的态度，这样一来你就更加安全了。

所以，在选择吃亏是为了谋求到大利益的同时，你首先就要做好充分的心理准备，可能你需要常年吃亏，才能最终换来一次赢利的机会。而这样的机会是否能够抓住一次就能使你在职场咸鱼翻身，从而成为别人仅凭一己之力难以扳倒的对象，这就需要耐心等待。

如果你见不得小利，看见机会就蠢蠢欲动，那么你所能获得成绩将和你所忍耐的时间长短成正比。所以说不能永远吃亏，你也要有足够的耐力等待足够诱人的机会。

案　例

冷静下来的邱华文准备弥补因自己的一时冲动所犯下的错误，他决定一方面将李薇薇培养起来让她对陆、韩二人形成制约，另一方面他要把自己的人穿插进这三个团队之中，无论这些人能力怎么样，经验有多少只要肯听自己的话，他就是自己的人。邱华文的目的就是在这三个大团队相互制约的情况下不断地用自己的人稀释着这三个队长的权力浓度。而他这样做其实还有另一个好处，就是在收缩这些领导者们权利力度的同时还可以测试他们是否对自己完全忠心，将自己派过去的人照单全收的话，那么这个人的目的就会比较单纯，对自己也构不成什么威胁，如果拒绝自己的特派员的话，那么就说明这个人肯定是别有用心。对于这种人也就没有让他继续留在自己身边充当定时炸弹的必要了。所以说邱华文的这个计策无论从哪方面来说最后的赢家都会是他，一个是夺权，一个是“杀人”。

可以说现在的邱华文对待下属的态度理性地近乎于冷酷，毫无疑问，他的这种心态失衡完全是因为聂常光出走造成的，但是聂常光对他最大的影响还得说是在管理观念方面，特别是对邱华文人才选拔以及使用这一块。之前的邱华文是将重用的聂常光完全捧在手心，把能对自己产生威胁的人的权力抢过来赋予在聂常光身上，结果就造成了聂常光一离职，他身上的权力瞬息瓦解，而且聂常光还用邱华文赋予它的这些权力抢了HW好多生意，这既让邱华文伤心也让公司蒙受了很大损失。所以从这件事发生之后，冷静下来的邱华文在想方设法地分散着下属的权力，与此同时他还在不断地将权力集中在自己手中。这样邱华文才会有安全感，才不会担心说不定哪天大权在握的下属们会集体叫他滚蛋。而对于人才选拔和任命上，邱华文固然欣赏聂常光的能力，但是他现在最想要的却是对自己忠心不二的员工，所以他决定派N个不如聂常光的人负责之前一个聂常光就能办好的事，这样的话即使有谁仿效聂常光再次背叛自己的话，那么对自己也不会再造成什么损失了。

邱华文这么想的也是这么做的，在公司的例会上邱华文向在座的所有领导说出了自己的提议，就是将事业部原来的三个部门包括李薇薇负责的网络市场组进行一次人员填充，而这些人员将不会是公司近期招聘的新员工而是来自于各个部门的老员工。在说出这项提议之后，邱华文还显得特别民主地征求了一下大家的意见。

首先做出表态的自然是这个提议的当事人之一陆飞，陆飞听完邱华文的话后就感觉到了这次邱华文恐怕是来者不善，这次这么有针对性的上来就要为事业部增援而且谁都看得出来他派出的这些人都来自于他直接负责的部门，这很明显就是要在事业部安插自己势力，一是为了夺权，二是为了将现有的这些领导都给挤走，而这些领导大部分都是陆飞安排的。所以这就不得不让陆飞有了一种邱华文想灭掉自己的想法。

陆飞知道面对邱华文的提议，如果答应了那就等于是束手就擒，如果不答应，胆敢在众人面前与老大唱反调那自己也一定不会有什么好果子吃。只是让陆飞不明白的是，之前邱华文还很大方地将聂常光留下的“遗产”几乎全数赠予自己，为什么会一转脸就好像要对自己兵戈相见，把给自己的东西全部掠走？所以，在没弄明白邱华文葫芦里到底卖的是什么药的时候，陆飞唯有采取缓兵之计，先是对邱华文的提议大加称赞，接着话锋一转，一个“但是”道出了陆飞一大堆的无奈，什么要回去好好做一下人员整理，重新分配工作等等，最重要的一点是陆飞还把韩云龙拽了进来，他的理由就是人员调动一定会麻烦到人事部门，所以他需要跟韩云龙认真商量一下具体的工作安排。而实际上陆飞把韩云龙拽进来的理由则是现在二人都是同一条绳上的蚂蚱，将发行部让给韩玉就是为了与韩云龙先结盟再加上邱华文的默许，一起干掉李薇薇，待闲杂人等收拾得一干二净时再和韩云龙一绝死战。现在李薇薇没被消灭，自己倒成了邱华文的攻击对象，所以为了在韩玉身上不赔本，陆飞觉得有必要和韩云龙站在一起处理这个问题，在陆飞的观念中，盟友就是“有福我自己享，有难你替我担”。

韩云龙听陆飞将自己也牵扯进来时，在心里大骂陆飞卑鄙，不过没办法，谁叫自己也在邱华文的攻击范围之内呢，这可是自己权力创收的登陆点，所以也只好配合着陆飞一起玩起了拖延战术，此时的二人只盼着对面的李薇薇做出和自己不同的回答，无论是接受还是拒绝，她都是自己最好的试验品、参照物。只是两人不知道的是，如果说李薇薇对这个提议是被动接受的话，倒不如说这是李薇薇之前就主动申请过的。

李薇薇的回答果然没有让这二位失望，她对于邱总的提议照单全收，而且表现得非常积极。在得到李薇薇的回答之后，陆、韩二人在一旁偷笑，邱华文却彻底放下了对李薇薇的戒心。

这次会议结束后，邱华文立刻做起了下一步行动的部署，他先确定了自己的目标——陆飞、韩云龙。陆、韩二人自以为是地用了一招缓兵之计，但他们要的这些小聪明又怎么能逃过邱华文的眼睛。不论二人表演得有多逼真，邱华文还是可以从他们做作的表情中得到一个答案，那就是拒绝，再与李薇薇的爽快应承一比较，邱华文立刻对他们三人有了清晰的认识，李薇薇——忠心不二，陆飞、韩云龙——居心叵测。得到了这个答案后，邱华文也就开始按照自己之前的打算开始采取下一步行动，他会让李薇薇在自己规定的范围内茁壮成长，而对于陆飞与韩云龙来说只有一个字——"死"。在研究具体计划时，邱华文的老总办公室里还多了一个人，这个人就是李薇薇。

还是在公司的例会上，邱华文宣布取消之前向四个部门填交人员的安排，他给出的理由是这个提议非常不成熟，抽调过去的人员有可能专业技能不达标，还要浪费公司资源重新培训。就在这时，李薇薇却站了起来主动提议要求向自己的网络市场组增派人手，理由是与徐德志的谈判已经进入决定性阶段，自己需要大量的市场分析、调查人员，经过这个阶段双方的合作框架就完全成形，所以这些人员的介入对整个合作项目会产生巨大的作用。听完李薇薇的理由后，邱华文不禁皱起了眉头说道:"可惜我手里现在的这些人都不太专业，你要的这些资源恐怕公司满足不了你，你现在只能利用现有的这些人手去完成工作了。"

听完邱华文的推脱后，李薇薇显得非常焦急，拖着会议无法继续进行，大有不满足了自己的要求就不散会的架势。就在这时有个人站了出来解决了李薇薇的燃眉之急。这个人就是韩云龙，他提议将市场部的人员抽调到李薇薇的组内，这些人既专业又有经验，而最重要的一点韩云龙没说，就是这些人都是"韩家兵"，刚才听到邱华文取消人员增派的提议，韩云龙可谓是大喜过望，他之前一直担心自己的权力会因为这次的人员增派受到损失，而李薇薇这时却站了出来主动要求增援，这在韩云龙看来无异于是在"找死"。这也使他想起了聂常光灭掉韩玉所用的方法，不正是利用不断增派到韩玉那里的内应最终使得韩玉的团队从根烂掉了吗？所以韩云龙决定来招"以彼之道，还施彼身"。他要将发行部的人都派到李薇薇那里去，到时候韩玉再来个一呼百应，让李薇薇也尝尝被自己人扫地出门的滋味。

李薇薇对于韩云龙的这个提议感激万分，韩玉那里一切都听从自己这个表亲的，自然也是没什么好说的，现在会议室内只有两个人不同意这次抽调，一个是陆飞，另一个则是邱华文。陆飞始终感觉有什么地方不对劲，不过他又不知道到底是哪里出了问题，所以一向求稳的陆飞持保守态度。而邱华文则非常明确地阐述了自己的观点，整个公司不止李薇薇一个组有工作，发行部也要完成自己的工作进度，这样的人员抽派会影响到韩玉工作的完成情况。

听到这里，韩云龙赶忙向韩玉使眼色，韩玉心领神会地马上向邱华文表态一定能完成自己的本职任务，所以关于人员抽调问题邱总大可放心。邱华文听了韩玉的保证后还是有点不放心，于是又让他当众写了一份保证书，如果如期不能完成本职任务，那么韩玉就将自动离职。韩云龙和韩玉没想到邱华文会来这么一手，不过没办法，谁叫刚才他们俩把话说得那么满呢，这回二人也尝到了骑虎难下的滋味。

抽调工作刚开始时，韩玉还能应付得了自己部门的工作。不过随着李薇薇要求的人数不断增多，韩玉的工作也就逐渐地显得捉襟见肘了。不过为了控制住李薇薇的网络市场组，韩云龙认定人多力量大，不管韩玉的工作到底能不能如期完成，只要这些人能尽快控制住李薇薇小组的主要工作，那么到时候李薇薇一定会被架空，之后的事情就完全在自己的掌握之中了。只不过韩云龙没等来李薇薇被架空的消息，却等到了韩玉被抽空的消息。现在的发行部可以算作是一座空城，即战斗力基本都跑到了李薇薇那里,现在韩玉的工作情况根本不能拿捉襟见肘来形容了，因为他的“左膀右臂”们都被调到了李薇薇那里，发行部的工作已经无法施展了。

韩云龙感觉时机已经成熟，准备让韩玉策反这些被派过去的员工，哪知韩玉那里却早就被人反了。由于韩玉的人手都调到了网络市场，使得发行部无人可用，从而耽误了这个部门的正常工作，作为领导的邱华文当然要管，派出去的人手当然是撤不回来了，为了不让韩玉履行之前立下的军令状，邱华文将韩玉单独叫到办公室，说要给他增派人手帮助他完成工作。韩玉哪知道邱华文葫芦里卖的是什么药，眼看着任务就快完不成了，老板这时候说要给自己增加人手，韩玉听完后都快要喜极而泣了，当场就答应了下来。于是乎，缺兵少将的发行部又恢复到了人员充实的状态。刚开始韩玉的工作进展确实有所起色，但是当这批后进员工熟悉情况之后，情况就大不如前了，这些人开始仗着自己手头占有的工作跟韩玉拍板叫号，反正到时候完不成任务被炒鱿鱼的也不是自己。到了这时候韩玉才明白过来原来邱总派来的这些人不是钦差就是大爷，自己这个发行部老大现在见了这些临时手下倒要点头哈腰。韩玉为了让他们帮着自己尽快完成手头工作也只好忍了，不过他不知道的是这才仅仅是个开头。

本来这些人手里的工作单独拿出来是对韩玉构不成任何威胁的，但是让韩玉想不到的是这些人的立场是如此的一致，现在发行部内已经分成了两派，一伙是以韩玉为首的单枪匹马派，另一伙则是所有的后进员工，至于留守在发行部的那寥寥无几的老员工们在分析完双方形势后采取了观望态度。韩玉现在最怕的就是这些人联合起来和自己作对，因为现在发行部的大部分资源都在这些人的手中，不过要来的终归还是会来的。这些后进人员在与韩玉的几次小冲突后似乎感觉不过瘾，终于在一次例会上联名将韩玉推翻在地，按理说韩玉毕竟是发行部的老大，这些外来人员在正常的情况下是不能对韩玉构成什么威胁的，不过这次问题恰恰就是出现在不正常上，这些人之所以立场会如此一致，毫无疑问，他们上面定有一个幕后领导，而这个领导自然就是一心想要瓦解陆飞与韩云龙的邱华文了。到了这时候韩玉才知道这是一场阴谋，不过为时已晚，在邱华文假意调节未果之后，加上之前立下的“军令状”，韩玉在邱华文的“百般无奈”之下最终交出了发行部。就这样在邱华文的授权下，李薇薇带着之前的老部下又重新杀回了发行部。

回到办公室后，韩玉刚刚整理好自己的东西，就看到韩云龙走了进来，和上次一样，自己的这位远房表哥又拿出了人事调动报告让韩玉先去自己的人事部避避风头，不过让韩云龙想不到的是，面对桌子上报告的韩玉扔出了一封自己的辞职信将其压在了下面。

章后“一”问：

难道陆飞与韩云龙不知道邱华文这么大的调动动作吗，如果知道的话为什么会不做任何反应？

释疑：对于这次的人员调动，陆、韩二人要是知道的话也只能是在调动之后才知道，因为邱华文正是为了避开陆飞与韩云龙的参与才单独把这两大团队中的最弱一个——韩玉叫到办公室打了一个时间差，只要发行部的一把手韩玉同意了，那其他人就再也没有发言权了。所以说陆飞与韩云龙知道这件事时已经是米已成粥，这两个人知道对于老板的决定已经无能为力，而且看出来邱华文这时要拿韩玉开刀，所以陆飞选择了不参与，和韩玉划清界限，免得到时候韩玉被整后自己受到牵连，而韩云龙那边也知道韩玉这次是“必死无疑”，所以赶忙为他准备好了退路。

在职场中，老板的某项决定如果会对你的利益产生影响，那么，我们首先要做的不是去反驳他，而是要想其他办法远离这个决定所能波及到的圈子，最好的结果就是能令自己全身而退。特别是老板的某项决定直接作用在别人身上，间接地映射到你时，如果你一味的强出头，表达自己的不满的话，那么就会很容易成为老板直接打击的对象。

第十八章

不懂妥协勇往直前的人，最后总会撞上南墙

职场“蜗居”第十八条：勇往直前是一种勇气，但是却不一定是制胜的方法。相反，偶尔的后退、妥协则可以让你避开撞上南墙的可能。

每个人的生命都是有限的，青春也是有限的，所以一入职场后很多人都按捺不住激情，想要在职场大显身手，在自己有限的职场生涯里做出一番成就。

可是在你年轻气盛的同时，别人可能同样年轻气盛，或是沉稳老练，或是精于世故，或是老谋深算……

虽然大家资历不同，年龄不同，经验不同，但是只要同处在一个办公室，那么我们的梦想就会在同一时刻被职场同化。

俗话说，狭路相逢勇者胜。但在职场这个零和游戏场，英勇有时候能带给你的并非是胜利。

1. 不懂得暂时退步，就会被撞得头破血流

英勇无畏没有错，而且不是所有的人都能做到勇往直前，但是有时候勇往直前带给人们的并非是胜利，相反，两军交战死得最早的往往是敢于勇往直前的人。

一位哲人曾说过："为了更好的一跃而后退。"的确，退有时是为了更好地进，弓不往后拉就射不出去箭，同理，拳头要伸出去打人，我们首先就要把拳头收回来，这样才能将足够的力量聚集在拳头之上，给对手以致命的打击。相反，如果我们因为太想打倒对方而不愿收手，那么我们就没有足够的力量去置对方于死地。

有时面对强大的阻力、困难或是对手，进可能会撞得头破血流，被对方杀得片甲不留，退则是一种灵动的思维，是一种成熟的智慧，是为了更有力地一击而收回的拳头。在后退的过程中将劣势转化为优势，从而做到出奇制胜。

所以说，不是所有的撤退都是失败，不是所有的占领都意味着胜利，不是所有的后退都预示着被打败，不是所有的前进都能带来胜利，勇往直前并非就一定能够披荆斩棘。

如果暂时的后退能够赢得之后的前进，那么这种方法可以采取。退既可以避开对方的锋芒，保全自己，还能够麻痹对方，让对方在暂时领

先的时候产生骄傲之气，进而放松对你的防备，进而使你抓住后发制人的机会。

2. 勇往直前的气势并不能吓倒对手

勇往直前的勇气和士气确实能够首先在气势上压倒对方，使对手胆战，但是要知道谁都不是吓大的。光凭气势能唬人一时，但不能唬人一世，纸老虎早晚有被戳穿的一天。

职场之上，一般叫嚣最响的人都不是职场老手，相反真正懂得职场潜规则能够在职场长盛不衰的人，一般都是沉默少言的人。

首先，在职场说话最多的人最容易被人摸清、看透，进而最容易受制于人。或许会有人会说，自己所说的话很多是假话、反话、违心的话，但是你也不要小瞧了别人，不是所有的人都听不出你的话外之音，不是所有的人都会单纯地相信你所说的话。

想要在职场百战不殆，你最好把别人想得聪明一些，把自己想得笨一些，这样你才不会自作聪明，才不会做事张牙舞爪，盛气凌人。

其实，职场是一个大醋缸，每一个人都非常喜欢“吃醋”。无论他们嘴上是否会说，但是他们心里都会这么想。一旦有人敢于在众人面前指手画脚，做出一副很优越的样子，虽然大家都深知在职场要夹着尾巴做人，但是大家还是不免会产生嫉妒之心，进而会耍出一些暗渡陈仓的手段来让你不舒服。

或许会有人反驳说，在职场自己的事还管不过来呢，谁还会管别人的闲事呢？如果你这么想，那又错了。

职场没有闲事，自己的事是自己分内的事，别人的事反而更应该是自己要关心的事。因为只有知道了别人的事，我们才能及时调整自己的工作状态和职场生存法则，否则，只顾自己而不看他人，只会让我们陷入盲目无所适从的境地。

3. 偷懒是项技术活

看过上面的表述，或许有人会说既然职场上人人都这么聪明，人人都要防着，那我更要时刻处于备战状态了。

可是，绷得太紧的弦容易断。人也是一样，每个人的精力都是有限的，谁都不可能永远保持饱满的精神状态。更何况职场又不是杀场，一个不留神，顶多会丢失一些利益，也不至于丢掉性命，再说了利益是可以再次争取过来的。

所以在职场不能太过紧张，紧张并不能保证你不失误，相反偶尔学着放松、偷懒，更能帮你恢复饱满的精神状态，更能帮你在机会路过时及时采取行动。

但是，并不是所有职场人都懂得如何在职场偷懒，特别是对一些新人来讲，他们总是认为自己的一举一动可能都会有人在监视。事实上，可能在你刚入职的时候有人会瞧你几眼，在发现你对别人不存在任何威胁之后，就不会有人再对你“感兴趣”了，他们都忙着维护自己的利益，观察着对他们可能存在的威胁，如果你不具备这些特点，想让别人关注你，这本身就不是一件容易事。

所以，如果你能清楚地认识到自己的处境和同事们与自己之间存在的利益冲突，那么你就能轻易地找到偷闲的机会。这时的职场对你来说是休息室、是娱乐厅。

当然这样的机会少之又少，不过至少也能让你得到暂时的休息，进而重整旗鼓，以更清醒的头脑应对周围的一切。

4. 妥协成为习惯你就会被人当成“软蛋”

勇往直前可能会让人因此而成为众矢之的，时刻处于备战状态又可能会使人因难以承受过度的紧张而心力憔悴，于是有些人就学会了逆来顺受和与世无争。

然而事实上，一旦一个人选择了逆来顺受和与世无争，那他就等于在慢性自杀。要知道职场上从来没有单纯的好人。不要以为你总是不与人争，不反抗别人，别人就会因此而良心发现，从而对你手下留情。

只要你的存在和别人之间有利益冲突，那么无论你如何妥协，也无论你装得再怎么可怜，都不会有人对你产生怜悯之情。

相反，你一再地让步和妥协反倒会让别人觉得你好欺负，从而把你当成软蛋，什么时候想捏就捏你一把。

不要单纯地认为这不可能，不会有人这么欺负人。在职场一切皆有可能，而且一味地妥协换来的绝对不会是别人的良心发现，相反会为你招来更多的欺负与压迫。

所以，在职场上即使你深知有时候退一步反倒能够解决更多问题，但是你也不能把退步当成一种习惯，更不能把退步当成是解决问题的方法。

要知道退步、妥协本身并不能解决任何问题，它只能够让人们暂时避开问题，而能否最终解决掉问题，还要看你选择暂时妥协之后采取哪些行动。

5. 妥协不是目的，目的是为了争取更多因妥协而失去的东西

或许在一些人看来妥协就意味着软弱，事实上这不过是人们对妥协的一种偏见。相反妥协是一种智慧，是两害相权取其轻的智慧，是在做出一定让步的基础上换取自己想得到的东西的一种智慧。

越是在职场上打拼多年的人，越能深得妥协的要义，妥协本身不是目的，而是在双方利益冲突激化的情况下，巧妙避免冲突，实现双赢的一种手段。

懂得妥协的人不会一味强求利益的最大化，他们会秉承“欲求利，先让利”的原则，在以和为贵的理念指导下，既保障别人的利益，又让自己得到益的方法。

也许在某些情况下，他们不得不牺牲一些自己的利益来保全他人的

利益。这么做在一些人看来可能是有些缺心眼，但是在非友即敌的职场上，如果不选择妥协，那么最终的结果只能是你死我活，或许我们有幸成为这场利益纷争的赢家，可是我们却失去了一个盟友，多了一个对手。

别人在败在我们手下之后或许会“蜗居”一时，没有任何动静，但是，从长远来看，这种人对我们来说就是一种潜在的危险，说不定什么时候他们就有可能跳出来捣蛋，致使我们功败垂成。

由此来看，不妥协不仅不能够更好地保护我们的所得，还可能会因此而树敌，相反妥协则能有效地避免这些潜在的威胁，而且还能保全我们的部分利益。所以说有时选择妥协更有助于我们获得更多因妥协而失去的东西。

案　例

李薇薇成功拿下发行部后，陆飞逐渐感觉到了威胁在一步步向自己逼近，现在的李薇薇已经不能跟之前在公司风雨飘摇的李薇薇同日而语了，因为她在聂常光离开之后又找到了一个新靠山，而且这个靠山比之前的更大更稳，他就是邱华文。陆飞看出来邱华文有意帮助李薇薇打压自己，其中的原因陆飞也知道个八九不离十，邱华文就是怕自己的势力太大对他产生威胁，所以才要处处打击自己。不过陆飞也没感觉自己有多冤，毕竟在陆飞的心中确实有这方面的打算，他不甘心同样白手起家，辛辛苦苦十几年后别人当老大自己当手下，所以即使邱华文不向陆飞下手，陆飞也会一点点蚕食掉邱华文手中的资源。现在换做邱华文来主动进攻，陆飞知道后退就会让邱华文一点一点将自己剥削得一无所有。只有采取进攻才能有机会拿到自己想拿的东西。现在的情况就是邱华文想要的陆飞绝对不能给，而陆飞想要的又都在邱华文那里。所以既然双方利益不能共存，那么陆飞只能放手一搏，不成功便成仁。

当然，陆飞虽然豁出去要跟公司老大顽抗到底，但他的智商和情商还是有的。他不可能就这么跟邱华文明刀明枪地干，如果他这样做的话那就无异于造反派，最后“死”的只能是陆飞。经过一番冷静的分析后，陆飞得出结论：聂常光在的时候邱华文用聂常光来制约自己，现在聂常光走了，邱华文又马上找来个李薇薇对付自己，看来邱华文虽然忌惮自己但也不敢在没有什么把柄的情况下对自己怎么样。所以陆飞认为攻击邱华文首先就要将他的"马前卒"一一除掉。现在在邱华文面前扮演这个角色的是李薇薇，陆飞也就自然而然地将攻击矛头对准了她。

陆飞当然不会单枪匹马地完成这个计划，他先后游说了编辑部的刘经理和人事部的韩云龙，当然在游说的过程中他并没有表露自己的野心说要将邱华文如何，陆飞只是就当前形势向两人陈述了一下利害关系并且确立了他们共同的敌人——李薇薇。刘经理这边还好说，听完陆飞的分析后吓得浑身是汗，于是赶紧应承下来表示一定紧随陆飞脚步，指哪打哪。然而韩云龙的回答却让陆飞大失所望，韩云龙表示自从韩玉离职之后，自己和事业部已经一点瓜葛都没有了，所以现在韩云龙只想置身事外，处理好自己的本职工作。

陆飞的身边少了韩云龙的协助，不过还好有另一个部门的刘经理在支持，但就事业部三个部门来说，陆飞这边占了两个，李薇薇手里只有一个发行部，所以陆飞认为自己的胜算还是相当大的。就这样，陆、刘联手开始向李薇薇发起了猛烈攻击。而这次两部联手攻击的对象并不是某个部门或是某个小组，而是全部落在了李薇薇一个人身上。从她的个人工作到她的个人生活，陆飞派人查了一遍又一遍，现在的李薇薇每天都好像在上百双眼睛的监视下上下班，丝毫不能出现任何纰漏，一旦被陆飞抓住什么把柄，那他一定不会放过这个诋毁自己或者摧毁自己的借题发挥的机会。

李薇薇所料正是陆飞所想，他正是要在对李薇薇不断的监督下等待着她犯错误或者是将李薇薇逼急了跟他发飙，这样的话实力占优的陆飞就更有借口向李薇薇发动猛攻了。就在陆飞认为李薇薇被自己逼得快要崩溃时，这个目标却突然间没了踪影，陆飞一问才知道原来李薇薇不胜劳顿，选择了劳动合同中的长期年假条款，给自己放大假旅游去了。"跑得了和尚跑不了庙，等她回来再好好收拾她。"陆飞和刘经理虽然有些不甘心，但是看到李薇薇被自己打跑了，心中还是很得意的。不过这两人得意归得意，李薇薇一走他们的攻击目标就没了，所以之前做的所有部署也都白费。刘经理劝陆飞既然李薇薇跑了那就拿她两个手下孙宪超和刘宇飞开刀，陆飞却认为这两个人虽然是李薇薇得力助手但终归也只能算得上公司的普通员工，与自己这种身份的领导不在一个级别上，即使赢了对自己也没什么好处，而且还有点胜之不武的嫌疑。所以在李薇薇休假这段时间里陆飞决定放过这个团队一马，待李薇薇回来后在将他们一网打尽。

陆飞打算休战，但有个人却不同意，这个人就是刘宇飞。李薇薇在临走之前将发行部交给他管理，一心想要崭露头角的刘宇飞在李薇薇走后完全扮演起了拼命三郎的角色，他先是将邱华文留在发行部的人都派到了孙宪超帐下，然后又从网络市场组调回原发行部员工，这样在把这些“监视器”们支走之后刘宇飞的准备工作就算告一段落。

在没人约束的情况下，刘宇飞开始放开手脚与陆飞大干一场。公司一个底层领导要向一个副总发起挑战，听起来很让人窒息，大家一定会认为不是这个副总实力不济，人见人欺，就是这个小领导疯了。不过事实证明陆飞的实力在全公司来说都是数一数二的，而刘宇飞也没有疯，相反，大战在即，他还异常地冷静。刘宇飞之所以会做出这个大胆的决定，主要原因在于HW公司发行部的工作性质，他负责为编辑部交上来的稿件做市场推广，还有一项任务则是收款，编辑部的业绩完全靠图书销量来决定，没有宣传没有做过推广的图书，上市销量一定不会好到哪去，这样发行部就间接制约了编辑部业绩和员工奖金问题。另一方面，发行部负责的另一项工作——收款显而易见地会直接影响到财务部资金的充实与否，也就是说发行部不收款或者收上来的钱不上交到财务部，这样的话大家在向财务部要钱时，财务部很可能就会周转不灵，到时候要钱的就会把责任直接算在财务部的头上。

正是有这两个法宝，刘宇飞才敢跟陆飞一较高下，反正光脚的不怕穿鞋的，刘宇飞现在还只是个挂牌负责人，等李薇薇回来他又变成了普通员工，就算这事让邱总知道了，也只能是口头上批评他一下。刘宇飞为自己想好了最差结果之后，发现其实这就相当于没有结果，能让陆飞白白挨揍这种事一般都是可遇不可求的，所以刘宇飞碰上了就绝对不会放过。

待准备工作完成之后，刘宇飞立即向陆飞的势力发起猛烈攻击，而他的攻击方式就是什么都不做，既不为新书做市场推广宣传也不为卖出去的书收款，就算收上了款，陆飞的财务部也休想得到一分钱。其实刘宇飞这样做的目的并不是要对陆飞造成什么严重打击，他也知道这些小动作对陆飞庞大的团队来说只能是隔靴搔痒。刘宇飞之所以要向陆飞宣战的真正目的，一是为了长团队的士气，二是为了长自己的人气。自从成功制约编辑部和财务部之后，事业部的这些人都开始佩服起刘宇飞了，不为别的，单就他这种以小搏大的气魄就能让人刮目相看。不过除了这些，刘宇飞居然还得到了预料之外的收获。

刘宇飞的做法并不能在短期内对陆飞的财务部产生什么影响，但是编辑部那边可就不一样了，这些编辑们每个月都靠着这点图书销量的奖金吃饭呢，这些在利益上直接的受害者当然不能坐视不理，但是他们的矛头并没有指向刘宇飞，而是指向了半路出家的行政部刘经理，因为谁都知道刘宇飞的攻击目标不是任何员工而是陆、刘这两个领导，再加上刘经理在编辑业务上稍显业余不能服众，所以让这个刘经理下课的呼声突然间充斥了整个编辑部，之后又在整个公司传播开来。邱华文对刘宇飞所做的这些事自然也有所耳闻，而且对他给公司带来的利益上的损失也非常不满，无论他的目的是什么，牺牲老板收入的任何做法都是不被允许的，正当邱华文想着如何制止或者处罚刘宇飞时，编辑部那边却传出了这样不和谐的声音。这对于邱华文来说可不见得是件坏事，邱华文认为这正是处理掉陆飞党羽的一次好机会，理由很充分，一是业绩不好（无论人为与否），二是不能服众，所以邱华文暂且将刘宇飞抛在脑后，把刘经理放在了砧板上，准备对他下手。但是现在唯一的问题出在到底找谁来接手，事业部的这些老员工身后都是有靠山的，说不定哪个接任者的靠山就是陆飞或者韩云龙，这样撤不撤这个编辑部主任的效果就没什么两样了，而且就目前来看，这种情况出现的几率还会很大，而任命自己的人，邱华文又怕大家说他闲话，而李薇薇现在不在身边，邱华文也不知道该任命谁好，就在这时，韩云龙的人事部招来了一个据说能力和工作经验都很优秀的编辑部主管，叫郭晓倩。在查明她跟韩云龙没有任何关系之后，邱华文干脆撤下刘经理直接任命这个郭晓倩接管编辑部，不管怎样，新来的这个人在公司的背景可以说是最透明的了。

郭晓倩一上任，刘宇飞就立刻停止了制裁陆飞集团的行动，因为连他自己也没有想到，自己初试身手就能捞上一条大鱼，不管郭晓倩最终会加入哪一方，至少她现在还是中立的，所以刘宇飞也不想节外生枝，另外现在的刘宇飞已经充分明白什么叫做见好就收。

郭晓倩当上编辑部主任之后，公司的各方势力都在想尽一切办法拉拢她，其中要数人事部的韩云龙表现得最为突出，好像事先有所准备一样，郭晓倩刚一来到，韩云龙就立刻向她采取行动，所以在一段时间内郭晓倩一直和人事部那边走得很近，这也可能是因为郭晓倩在HW公司接触到的第一个人，就是人事部的韩云龙，这使得二人之间有种先入为主的亲切感，沟通上也更自然一些。韩云龙见郭晓倩已经开始慢慢向自己的团队靠拢了，随即非常大方地把编辑部的招聘权限让给了郭晓倩，让她以后直接负责本部门的人事调动。这一招使出后，韩云龙果然大见成效，郭晓倩对于一个公司重量级领导的赏识感激万分，表示以后定会用工作业绩回报领导的赏识。

当刘宇飞看出郭晓倩向韩云龙靠拢的一些端倪后，决定再次出击时，却被放假归来的李薇薇及时制止了。回到公司后的李薇薇第一件事就是来到编辑部拜访了这位新任领导，让大家想不到的是，原来李薇薇和郭晓倩是同窗闺蜜，但是两人对于能在这里见面并没有表现出太多的惊讶，就好像她们早就约好了一样。现在大家都被这两个人搞得云里雾里，不知道李、郭二人是不是早就串通好了的，但有一个人在迷糊之中更多的是后悔，这个人就是韩云龙，他现在除了后悔不该把人事部门的权限轻易交给郭晓倩之外，还后悔招聘时怎么就没想起来李薇薇跟她是一个学校的呢。

章后“一”问：

既然韩云龙想继续参与这次的事业部之争，为什么会拒绝陆飞与刘经理这个庞大团队的邀请？

释疑：团队大不一定就无敌于天下，大团队的最大缺点就是太招风，可以很轻易地成为别人的攻击目标，现在陆飞的团队就是这样一个状态，不光公司老大邱华文要整他，就连临时负责人刘宇飞也要在他身上捞点好处，所以韩云龙选择了与这个团队划清界限，单独行动，这样既隐秘又安全。可以说韩云龙在短期潜伏过后的第一战打得非常突然非常精彩，只不过最后出了点小意外，真可谓是人算不如天算。不过如果韩云龙开始加入的是陆飞的团队，那么谁都能算出来他的下场一定会像刘经理那样。

第十九章

你不爽，别幻想让大家跟着你都不爽

职场“蜗居”第十九条：即使你心里很不爽，也不要将情绪带到办公室。否则，你让别人心烦，别人就会让你滚蛋。

办公室不是谁的私人领地，任何人在办公室都要学着照顾别人的感情，不能因为自己一时的不愉快而把坏情绪表现出来，让大家都跟着你都不爽。

或者有人会说，领导们经常在办公室发脾气，可是他们是领导，你见过有哪个领导敢在自己的同人或是上司面前发过脾气？充其量领导们也就会在下属们面前发发脾气。

大家虽然对上司的坏情绪只能敢怒不敢言，但是这也并不能说明是领导就能随便发脾气，相反，想做一个好领导就更应该懂得控制自己的情绪，否则乱发脾气只会让自己在公司的形象大打折扣。

1. 发脾气很爽，可是却会带来不良影响

懂得控制情绪是一个人成熟的表现，相反，不懂得控制自己的情绪和感情，只能印证你的单纯和幼稚。这个道理虽然大家都懂，但有时候很多人还是难以控制自己的情绪。

毕竟在大家内心感到不平衡时总想找一种申诉方式，这种方式可以是提意见、提要求或是找人理论。可是很多人虽然心有不平，可是又缺乏勇气，所以他们不敢以直接的方式表明自己的不满，于是就只能自己生闷气。

一个人心中憋了太多的气，那么同事间的一点小小的摩擦都可能将其引爆。一旦某个人在办公室大发脾气，那么受影响的就不只是当事人双方了。

首先，发脾气不是表达不满的好方式，相反，发脾气虽然让你看上去很风光，但是大家心里未必这么看你。在你向同事们发脾气时，他们一定在想：牛什么呀你，有本事找老板发脾气去，就知道冲我们来。因此这件事以后，他们就会在心里与你划清界限，尽量不和你发生关系，以免成为你的出气筒。

其次，发脾气会影响到许多不相干的人。谁都知道坏情绪是会传染的，或许你的坏情绪并没有冲着其他的同事，但是因为你在发脾气，办

公室气氛就会被你搞得十分凝重。这时人人都怕你向他们开炮，所以人人都会躲着你，人人都不敢随意做出什么举动。这样一来大家就觉得压抑，进而产生烦躁情绪，影响心情。

再次，在坏情绪的影响下，大家的工作效率必定会受到影响，所以公司领导和老板们一旦发现有人喜欢乱发脾气，影响士气，肯定就会对之“耿耿于怀”。这就会成为领导们想要扫除这些人的借口。

由此看来，在办公室发脾气只能逞一时之快，不仅不能改变现状，还会产生很坏的影响，如果你不想因此而被同事疏离、领导盯梢，那你最好控制住你的坏情绪。

2. 会闹的小孩有糖吃，但他们一定知道什么时候不该闹

的确，在职场如果你只知道时时处处默默无闻，逆来顺受，遇到什么不平事都不敢张扬，都不敢表达自己的不满，那么你永远也别期望自己的意愿能实现。

俗话说：会闹的小孩有糖吃。在职场更是如此，只有敢于说出自己的想法，敢于提出自己的要求，敢向同事和领导们表达自己想法的员工才能如愿以偿，才能劳有所获。

职场确实不缺敢闹的人，可是会闹的人却不多，很多人都不知道什么时候该闹，什么时候不该闹。

一般来讲在以下情况下，你最好不要闹。

（1）初来乍到。此时你对公司的一切都不了解，即使有人恃强凌弱，你也只有承受的份，否则争一时之气，可能就断送了你之后的前程。

（2）新官上任。很多人都知道新官上任先要点上三把火才能镇得住下属，于是很多人就会趁新官上任的时候对下属们言辞激烈，甚至大发脾气。殊不知这么做只会让结果与意愿南辕北辙。要知道，新官上任最需要的是凝聚下属的向心力。如果你任意大发脾气，下属虽然不能明着反抗你，但是却能对你进行“软抵抗”，拒不执行你的命令。

（3）心情不好。这时的你很有可能会因为发脾气而失去理智，如果

再有那么一个愣头青非要和你较真，那么你就会被激怒，进而表现出更加可怕的一面，这样一来大家就不敢惹你了，但也不敢亲近你了，因为谁都担心今后你会像对待别人一样对待自己。

（4）在上司面前。有下属做错了事情，你在上司面前直接批评下属，这样做或许你会认为上司会把你想成一个不护短的领导，但是上司还会有别的想法。他们可能会认为你这么做是在指桑骂槐，你的攻击对象不是下属，而是上司。此外你这么做还会让上司尴尬，让他们不知道应该附和你，还是应该安慰你的下属。

3. 该闹的时候，也要讲究技巧

知道什么时候不该闹可以让人回避很多错误，但是不犯错并不是我们的职场目的，相反能够做对事、闹对时候，赢得所愿才是我们的最终目的。

一般来讲在以下情况下，你可以适可而止地闹一闹。

（1）下属犯错。在这种情况下如果你三缄其口，那只会纵容下属，让他们认为你性格软弱，不敢得罪人，因此以后做事也不会太上心。相反，如果这时你来个杀一儆百或是敲山震虎，那么下属们对你的看法就会转变，以后在你手下做事也不敢马虎。

（2）多次被欺。虽说职场一向还算平静，但是在平静的掩饰下有些人就喜欢挑软柿子捏。如果对于别人的栽赃陷害、流言飞语等不予反抗，那么你将面对的就会是更多的挑衅，这时你不妨强硬一次，告诉他们你不是软脚虾。

（3）合作者无视你的建议。这时你的不满和大发脾气可能会惹怒对方，但也足以引起对方对你的重视，你骂他们骂得越凶，可能换来的会是越多的尊重。

虽然在这些情况下可以闹一闹，但是在闹的同时你首先要明确闹的目的，不能为了闹而闹，要为了目的而闹，达到目的就应该见好就收，否则闹得过了头则会适得其反。

4. 如果你只想发泄一下，那么请你离开办公室

职场是一个谁都想迅速冲锋占领高地的地方，又是谁都不敢轻举妄动的地方。所以即使你不发脾气也不可以在职场为所欲为，更何况是发脾气呢?

不要以为大家平时都老老实实地“蜗居”在自己的办公桌旁没有什么动静就证明他们对自己周围的环境就漠不关心，更不要认为在职场之上人人都因为自私而只关心自己。

事实上，职场上的每个人对自己所处的职场氛围都非常在意，大家都希望自己所在的公司能有一个好的工作氛围。所以如果你常常因为发脾气而影响别人的工作，那么矛盾最终激化的结果就会是你被“请出”办公室。

或许你会说自己的资格老、能力强，与他人相比你更有存在的价值。然而你要清楚，不是所有有价值的员工都能一直留在公司，也不是所有有工作能力的人都能在单位一直不倒，这还要看他们懂不懂得职场生存法则。

很显然老板不会因为一个普通员工而炒掉自己的得力干将，但是老板也不会因为一个员工而放弃整个公司，你是否会被老板请出公司就要看你对公司的整体杀伤力有多大。

如果你只是想在公司发泄一下郁闷的心情，而你的发泄只会给公司带来负面效应，那么你最好自己离开公司，否则早晚有一天你会被踢出去。

所以如果你还想继续在公司待下去,那么你就要控制好自己的情绪，不要时不时地来考验大家的定力。如果你实在忍不住想要发泄一通，那么请你到办公室外面去发泄。

5. 传播坏情绪最后倒霉的还是你自己

坏情绪是会传染的，很多时候一旦一个人心情不好，那么他就会想方设法地把情绪发泄出来，或是寻找一些安慰，只有这样他们的心情才会恢复。

正因为人人都有这样的本能，很多在职场打拼的人士深知职场不是发泄坏情绪的地方，于是他们就开始幻想在办公室寻找述说对象，从同事身上获得安慰。在他们看来，有人的地方就有人情，有人的地方就有感情。

然而事实上，这种人实在是很傻，傻得可爱。他们把公司人情想得过于人性化，过于理想化了。要记得在办公室，无论你出于何种目的，永远都没有人会喜欢看人发脾气，也没有人喜欢听悲伤的故事，听别人传播负面情绪。

不能否定职场并非不存在同事感情，对于你的烦恼，大家也未必都漠不关心，只是办公室不是一个适合谈论情绪的地方，大家更欢迎能够带动他们工作热情的信息和因素。

因为同事关系再好，如果你天天让人陪着你烦恼、郁闷，那么他们的工作效率就会降低，因此他们可能就会挨批，或是被降职，或是被减薪。这样一来今后他们肯定会埋怨你，进而会选择远离你。

所以说，如果没有更多的利益作基础，同事情谊很容易就会破碎。为什么情绪化的人很难在办公室立足，为什么多愁善感的员工最不招老板喜欢，原因就在于此。

因此，如果你一意孤行，不主动去控制自己的情绪，肆意在办公室抱怨、叹息、骂骂咧咧，影响同事们的工作情绪，那么最终倒霉的可能还是你自己。

案　例

陆飞的心情最近可谓是差到了极点，自己身边的帮手不是主动离自己而去就是被邱华文和李薇薇合力剿灭。现在公司里很多之前的“战友”都把陆飞当成了扫把星，见到他后没有一个敢主动打招呼的，因为他们都怕被邱华文认定自己是陆飞的同伙而受到连累。但最让陆飞懊恼的其实还不是这些人态度的转变，毕竟职场之中只有一辈子的利益而没有一辈子的朋友，最让陆飞接受不了的是马上就要被自己消灭了的李薇薇却奇迹般地起死回生了，而且不知道什么时候又和邱华文联合向自己发起了反击。陆飞除了恨自己太轻敌给了李薇薇可乘之机外，他更恨的其实还是他的这些队友，包括刘经理、韩云龙、韩玉等等，陆飞认为在打压李薇薇这件事上，身边的这帮人不但一点力没有出反而还经常坏事，弄到现在这个局面，这些只等着吃现成的投机者一个个又望风而逃，这让平常只知道占便宜不能吃亏的陆飞心里非常不平衡，他感觉自己被这些“白眼狼”们利用了，所以在思忖过后陆飞决定以后再也不找这些成事不足败事有余的家伙们，非但不找还要在他们身上拿回自己当带头人所付出的成本。可以说现在陆飞在公司里已经没有任何朋友了，因为在陆飞眼中早已把这些人当成了自己随机攻击的目标，只要陆飞还在，这些人说不上什么时候就会被他找个机会所击杀。而第一个受到陆飞攻击的盟友很快就出现了，这个人就是刘经理。

其实刘经理在这些昔日盟友中要算得上是对陆飞态度最好的一个，因为自己已经被认定是陆飞的帮手并且受到牵连了，所以刘经理也没什么好顾及的。在例会上见了陆飞的面还是赶忙上前热情地打招呼，不过陆飞这边对刘经理的态度可就不那么友好了。面对着刘经理真挚的笑容陆飞却在嘴角挤出了一丝轻蔑的冷笑并说到：“不怕神一样的对手，就怕猪一样的队友。”此言一出立刻震惊了会议室里的半数同僚，刘经理这边更是被惊得非同小可。没想到之前还拿自己当亲信的盟友，现在却变得用眼神都能把自己杀死，更过分的是陆飞当着大伙的面让自己下不来台，发作还不敢，解释场合还不对，所以刘经理只有愤愤又悻悻地回到了自己的座位。但是更让刘经理意想不到的还在后面。

在这次例会中，陆飞做财务报告时别的没说，只把刘经理所管辖的财务部影射成了一帮无所事事的烧钱罐，并且向邱华文申请削减行政部日常费用，甚至建议对行政部进行裁员。不过刘经理也不是那么好惹的，刀都架在自己脖子上了，除了跟陆飞玩命之外也没有其他选择了。于是刘经理很强硬地作出表态，扣钱、裁员都可以，不过公司从今以后出现的一切后勤问题各个部门都要自己解决，因为没钱又没人的行政部不可能人人都能伺候得到。刘经理说这番话的意图很明显，就是要将陆飞与自己两个人之间的矛盾扩散到每个部门，当刘经理表态过后，其他人的表现正如刘经理所料,会议室内的几乎所有人都对陆飞的提议感到不满，不过陆飞好像完全不在乎这些人合起伙来对付自己，他拿出每个部门的财务报告一个一个地批评，反正财务数据是他陆飞一个人说了算，就算据理力争的话，这个“理”也是被陆飞牢牢掌握在自己手中，只是他这样做的结果自然而然地将各部门地主管得罪个遍。不过邱华文接下来的决定再次印证了“真理往往掌握在少数人手中”这句话的真实性，他居然同意了陆飞对行政部的打压提议，而且他再三表示:“这个决定并不是谁的主观态度，而是陆飞手里的客观数据表现出来的。作为老板不可能眼看着公司在某方面形成亏损而不予理睬，希望大家能够理解。”

陆飞对于自己单挑整个办公室的胜利有点得意，不过更让他得意却是看到对面一个个不爽的面孔，陆飞的真正目的就把自己的不爽建立在别人的痛苦之上，让他们比自己还要不爽。因为陆飞不能容忍整个团队最卖力的是自己，最吃亏的还是自己。他要让这些人得到教训，他要用这些人的“死”换回自己在HW的“重生”，或者用这些人的“死”来给自己在HW的失败“陪葬”。

其实陆飞没他自己想的那么神，人在大起大落、患得患失中很容易造成心态失衡，所以他产生这类冲动又不切实际的想法也算正常。不过陆飞还是太把自己当回事了，他居然把自己的一时冲动当成了行动，而这次行动最终也给陆飞带来了灭顶之灾。

自从在例会上把能得罪的人都得罪了之后，陆飞在HW的日子更不好过了。工作之中处处碰壁，工作之余也是形单影只，这让陆飞的情绪处在持续失落状态之中，就连他的下属们也受到了他这种坏心情的影响，平常工作受到陆飞的责备那已经是家常便饭了，特别是他的策划部，每当陆飞看到这些李薇薇曾经带过的下属，就会忍不住把与李薇薇之间的恩怨转嫁到他们身上，经常拽过来几个人当出气筒大声训斥并且用辞退来恐吓他们。现在陆飞在办公室不像领导倒像个十足的殖民者或是侵略者，陆飞的这种不理智的行为把策划部搞得人心惶惶，怨声载道。在这样有点变态的领导手下干活，自然不会出什么好成绩，策划部出不了优秀选题计划，陆飞自然不会放过这个大骂特骂的发泄机会，而陆飞开骂的这些员工们的情绪必然受到影响，工作质量和效率必然就会下降，如此一来就形成了恶性循环，渐渐地这些员工也习惯了陆飞的坏脾气，谁都不把他的话放在心上了，他骂他的，员工们能偷懒还是要偷懒。现在的策划部已经被陆飞带成了一盘散沙。

很多老员工经常跑去李薇薇那里发泄，当刘宇飞知道了策划部目前的情况后立刻又想出了一个主意，不过这次目标不是陆飞而是王伟，他知道王伟有私藏选题的习惯，于是叫过来一个亲信让他告诉陆飞说王伟的手提电脑里有大量优秀选题，都是他私藏着不愿意和别人分享。这个员工把这件事告诉了陆飞之后，陆飞当时就火了，立刻把王伟的电脑拿来，果然在里面找出了之前没有上报的选题，随即陆飞把王伟叫到了办公室，臭骂了他一顿，认为王伟对自己不够忠心还要心眼，之前的徐德志就是因为私藏选题被自己“大义灭亲”的，更何况现在策划部都快没“粮”了，王伟还在守着“粮库”不肯放，陆飞越说越生气，最后干脆把王伟同他的两个部下王金石、霍延光一起开除出 HW 公司。

王伟被炒对整个公司影响并不大，但在策划部内却引起了轩然大波，怎么说王伟也算得上是策划部元老级的人物，而且还是后来投靠陆飞的，结果刚过来没多久就被自己的靠山给炒了。在结合陆飞之前提到过“大义灭亲”的那件事，这回所有人都感觉到了谁跟陆飞一伙谁倒霉。这样一来在陆飞领导下的策划部简直就是散上加散，乱上加乱，很多人都是一边找工作一边在这里混日子，别说业绩了，策划部人员现在都保证不了了。

就在陆飞看谁都不顺眼，工作处处受挫时，李薇薇那边却传来了喜讯。先是郭晓倩的编辑部自从易主以来完全扭转了刘经理之前造成的颓势，接连出现多部畅销书籍，现在每天都在催促策划部那边递交选题。李薇薇在郭晓倩这里既能让自己得利又能给陆飞施加压力，不过这也只能算是小喜，真正的大喜是来自于孙宪超的网络市场组，在与徐德志的谈判之初，由于李薇薇在公司势力微弱，所以不得不为了抓住手中的这个唯一资源而向徐德志让出很多利。不过现在情况不同了，时来运转的李薇薇已经牢牢地掌握了HW公司中的主动权，这个合作项目对她来说也只能算是手中众多资源的一部分，不过徐德志好像并不了解现实情况，依然在漫天要价，特别是碰到孙宪超这个之前在公司听都没听过的“下属”后，更是要狠宰一把。合作计划完成得漂亮，徐德志回到公司才有地位。只不过徐德志在照顾自己面子的时候却没有考虑到孙宪超的面子，这样一来二去孙宪超对徐德志积怨越来越深，终于在一次徐德志近乎于掠夺式的要价中忍无可忍的孙宪超做出了回击，而孙宪超与刘宇飞的不同之处就在于刘宇飞遇到对手会主动出击将其打倒，孙宪超遇到对手往往会选择以退为进，抓住对方要害一击致命，这次对付徐德志也不例外。

做出回击的孙宪超并没有和徐德志针锋相对，而是将合作计划书往桌子上一扔转身走人，起初徐德志还认为这是后辈们不成熟的表现，在那里洋洋自得地等着孙宪超什么时候主动找上门来变本加厉地黑他一回。但时间一长，徐德志却没有等来孙宪超，反而招来了公司上层的不断施压。这家网络公司的领导们其实也是非常看重这次与HW公司的合作的，但是就在整个合作计划就要构建完毕时工作进度却戛然而止，这些领导们必然会向徐德志询问原因、施加压力。徐德志这边自然不会说是自己要价太高把人家吓跑了，因为公司早就把合作底线报给了他，而他的要价却要高出这个底线何止几倍，这难免让人误会他这是要抢风头甚至是谋私利，拿公司的利益为自己办事这显然是不能被接受的。所以徐德志面对来自上层的压力也只得一再推延，因为在吃了几次闭门羹之后，他发现原来孙宪超并不是想见就能见的。

与孙宪超接洽不上，徐德志在这家公司的处境突然变得危机四伏，先是上司对自己态度的逐渐冷淡，然后又是周围同事们对自己手中这块肥肉的虎视眈眈，但是徐德志对这些危机却无计可施，现在他才明白过来：原来让孙宪超生气，自己的后果会很严重。更让徐德志害怕的还在后面，领导层对于徐德志的工作效率似乎忍无可忍了，对他下了最后通牒：半个月内合作计划还不能谈妥的话，徐德志的工作就会交给别人处理。

徐德志知道作为这家公司的后进人员，自己既没地位也没身份，唯一的优势就在于自己对对手的了解，所以才能掌控住与HW的合作资源。一旦这个资源被别人抢走，那么徐德志被淘汰出局的日子也就不远了。

所以，徐德志转变了心态，他现在心甘情愿并且迫不及待地想让孙宪超狠宰自己一下，只要孙宪超高兴，这次谈判就能继续进行下去。

孙宪超见徐德志终于了解了现在的状况，也就不再那么“矜持”，面对着徐德志的主动割让，孙宪超也是有恃无恐地照单全收而且经常会要求徐德志多让出一部分。当然孙宪超知道做事要有个度，他的一切要求都是在不触碰对方公司一个大概底线的范围内进行的，并且他还知道有出才有进，在谈判条款上竟然主动加了一条：未来三年内HW只跟这一家公司合作构建网络市场。这家公司的老板可能是被HW的诚意所打动，竟然在谈判的瓶颈项目上让徐德志代表公司做出让步。

其实孙宪超这次自作主张不光是为了公司利益，这项条款一出就意味着公司任何人都休想再在网络市场方面有所斩获，孙宪超把别人的路堵死后呈现在自己面前的自然就是一条宽敞无比的阳关大道。至于公司领导会不会对这个限制性条款有什么意见，孙宪超也不是没有考虑过，他认为像对方这样重量级的网络公司，多少人想向他靠拢都靠拢不上，而自己一签就是三年，这些领导高兴还来不及呢，又怎么会责怪自己。而且手里已经有最好的了，又何必费心去找其他的次品呢？

在双方的你来我往中，这场旷日持久的谈判终于完成，网络市场的合作框架也终于架设起来。而在这次谈判中，最后的赢家居然不是实力雄厚的网络公司，而是一直处于被动状态下的HW。在做过预算之后，HW居然会占全部收益的六成之多，而这一切的功劳都要归功于这次的主要负责人孙宪超，可以说HW在没利用网络市场创造下一个销量奇迹之前，孙宪超却创造了一个以小搏大的谈判奇迹。他在审时度势之后，用自己的态度和行动告诉了徐德志要想在公司有的混，就要对自己唯命是从。可以说孙宪超完全不懂谈判技巧，他之所以能完全成功是因为前期的忍让和贯穿始终的耐心。而他的对手徐德志正是缺乏了这些东西，所以才被迫充当了“卖国贼”。

网络市场成功建成，孙宪超立刻成了公司里的红人，对于他提出来的每项有关网络市场发展的资源，老板邱华文也是有求必应，孙宪超利用这次机会终于做出了他少有的主动出击。而这次的目标就是陆飞的策划部。

在网络市场部组建会议上，孙宪超趁着自己炙手可热的人气，当着所有领导的面提出要接管策划部，因为公司坚持要用自己的策划部来负责网络市场运营策略，而现在策划部在陆飞的管理下形同虚设，和之前的策划部完全是两个样子，孙宪超认为这是管理上出了问题，所以要求自己亲自带这个部门，因为策划部可以算作是整个事业部的大脑，现在构建网络市场迫在眉睫，不容许有任何纰漏。

孙宪超的要求虽然很有侵略性，但却很合理，而且他说得有理有据谁看了都是对事不对人。邱华文等的就是这个机会，见没人反对便立刻同意了孙宪超的要求。邱华文刚刚表完态，陆飞立刻就发起飙来，他之前之所以没吭声，就是等着看邱华文是什么态度，没想到他们摆明了要置自己于死地，于是陆飞在这段时间养成的坏脾气再一次不分时间地点地爆发了。他先把一直瞧不起的晚辈孙宪超骂了个狗血淋头，和谐的、不和谐的通通喷了出来。之后又把邱华文也数落了一遍，连带着他手下的那几个亲信，把该说的、不该说的，别人知道的、不知道的也一起倒了出来，他的不爽、不痛快瞬间传递到了会议室的每个角落，这让会议室内的气氛非常尴尬，邱华文那边也同样很没面子。就在他想着如何圆场的时候，韩云龙站了出来，指着陆飞的鼻子吼道："你还有脸说这些，你忘了之前怎么试图串通我一起打压李薇薇了，我没同意你就处处针对我，我为公司招来了一个能干的郭晓倩，你又说我和李薇薇是一伙的，还说什么要让我们一起被老总炒，为你陪葬。我就不明白大家都是公司同事，亏你还是公司元老，怎么会在公司内部结党营私，还把你的意愿强加到别人身上过，你要知道，HW 永远只有一个团队，它的老大叫邱华文，它的成员就是公司所有同事。你连这点觉悟都没有，我对你太失望了。"

韩云龙连珠炮似的说出这些话后，其他人见有人带头了，也赶忙站出来一起声讨陆飞，要同他划清界限。因为谁都知道他的下场一定会很惨。果然，邱华文听完韩云龙说的话后，异常气愤，冲着陆飞随口说了两句会得不多、用得也不多的英语："get out！ fuck off！" 而这也是陆飞最后一次听到的邱华文的命令，交了辞职信后，陆飞也就真的"滚蛋"了。

其实对于陆飞的离开，韩云龙在其中起到了重要的催化作用，他的话既帮邱华文解了围，又使自己成了污点证人给邱华文发飙的机会。而他之所以这么做其实是因为一起误会。

当初，陆飞得知韩云龙偷偷摸摸地招了个郭晓倩来顶替刘经理的位置，便对他有所不满，不过好歹没有落入李薇薇手中也算庆幸，不过当他发现郭晓倩原来也是李薇薇的人而且韩云龙又对郭晓倩这么好，立刻就将韩云龙和李薇薇联系到了一起，认为韩云龙是背叛了自己，投靠了李薇薇。而之前自己在与李薇薇的竞争中接连失败一定也是韩云龙从中搞鬼。

这件事让陆飞异常气愤，他找到了韩云龙，不是冷静地向其询问原因，而是对着韩云龙发了一通无名火后警告他：如果自己没有好下场，一定也会拉韩云龙一起下水。之后在工作中陆飞仗着自己掌管财政大权，处处为难韩云龙，压减人事部的开支。韩云龙见陆飞要跟自己玩真的，所以就决定要亲手干掉陆飞，没有他自己也就安全了。可以说陆飞的失败，最大的原因就是他太嚣张跋扈了，总想着掠夺却容不得吃半点亏。

章后“一”问：

为什么邱华文在总想着打压陆飞的情况下却力排众议，同意他压制行政部的提议？

释疑：邱华文接受陆飞的意见并不是支持他而是要让他成为办公室里的公敌，从邱华文之后的解释中就能看出来，他是在告诉大家自己也很无奈，要怪只能怪提出这个意见的人，大家有仇报仇，有怨报怨的就都去找陆飞吧。这样陆飞自然就成了众矢之的，

在职场中，有时上司对你的支持并不是真正地对你好，有一句话叫做“上司要你灭亡，必先叫你猖狂”，你越猖狂树敌就会越多，到时候根本用不上他亲手解决你，就会有人站出来“替天行道”。

第二十章

如果你足够“贱”，那你就无敌了

职场“蜗居”第二十条：低贱并非只是一种耻辱，还是一种制胜之道。当你把自己看得足够“贱”的时候，你的修炼之路也即将到头了。

自我意识谁都有，更何况在职场大家都是为了满足物质需求而来，谁不希望自己能够成为同事们当中最有成就、最高高在上的人呢？

很显然人人都会这么想，但是在一个人往高处爬的同时，他就不得不提防处在下游的同事，谁不想爬得比你高呢？所以在看着你往上爬的时候，别人是不会闲着的，只不过他们忙的不是怎么支持了，而是怎么把你拉下来。

不要以为这是玩笑，人性就是这样，如果你一直在往高了爬，那么你就会成为众矢之的，相反如果你甘愿退到人群的下面，那么你就安全了。而你安全的程度，就要看你所处的位置是否足够低。

1. 职场之上，谁是最重要的人？

看到这个问题，或许很多人都会不假思索地回答说：“当然是我最重要了！”的确，如果没有你，再跟你讲职场是没有意义的，一个人只有身在职场，再来研究职场生存规则才是有意义的。

可是，在职场不是你认为自己最重要，你就是最重要的。而是谁更能决定别人的命运，谁更能决定别人的职场之路，谁才是最重要的。

不容置疑，老板是企业的所有者，他更具有决定别人命运的权力，所以说在职场上老板最重要。和老板的权力相比，公司的领导们职位越高，那么他们就越重要，职位越低就越不重要，如此类推，公司的员工们才是最不重要的人。

或许有人持有相反的观点，认为员工是公司赖以生存的根本，没有员工公司就发展不下去，但是和老板相比，老板更像是公司的生身父母，没有老板就没有公司，所以员工很重要，但远远不如老板重要。

不能和老板、领导们比轻重或许有些人还可以理解，但是要和自己的同事比起来，或许就有人会自信地说，肯定是我更重要。

你真的很重要吗？如果你这么认为也没有错，关键要看你参照点是什么，如果你从利益的归属来考虑，当然你更重要，因为别人拥有的再多，只有属于你的才是真实的有价值的。可是如果你从利益由来考虑，答案可能会有所不同。

如果你把自己看得很重要，或是忽视别人的存在，那么别人就会用一个足够疼痛的教训告诉你，想要在职场混，不能目中无人。

2. 把别人看得高一些，别人才不会和你计较太多

老板、领导在公司毋庸置疑是相对重要的人，也是决定我们职场命运的人，但是更多的时候，我们面对的竞争不是来自老板和领导，而是来自平级的同事。

想要在同事间成为对手最少的人，那么你就要学会抬高别人降低自己。这么做在一些人看来似乎让人难以忍受，但是想要在职场长存，想要在职场飞黄腾达，你就必须这么做。

抬高别人，不一定是长他人志气，相反把别人放在更高的位置上，别人就不会轻易把你看做是他们的竞争对手。相反，出于对弱者天生的怜悯，他们还会对你不吝赐教，或许他们这么做仅仅是为了显示自己的优越性，但是对你来讲只要能够得到帮助和方便，别人出于什么本意并不重要。

降低自己，也并不一定就意味着没有一点好处，相反，敢于自我贬低对他们来讲，这是一种谦虚、宽容和大度的表现。一旦给人留下这样的印象，那么你首先就能从感情和心理上赢得对方的好感，从而在无形之中化解你与其他同事之间的矛盾。相反，不愿自降身价，事事斤斤计较，换来的只会是他人对你的反感和厌恶。

由此看来，抬高别人，自己在别人心目中的地位未必就会因此而下降；不降低自己，自己在别人心目中的地位也并非会因此而提高。

如果抬高别人降低自己，能够帮助我们在职场生涯中避开麻烦，赢得朋友，那么抬高一下别人也无妨，降低一下自己也无妨。

3. 不是所有的同事都重要

抬高别人固然能够将别人的矛头转向其他的地方，但是身在职场不是你想和谁成为朋友，你们就能成为朋友的。

前文我们已经讲过，在职场只有永远的利益，没有永远的朋友。如果利益发生冲突，你只能与之为敌，而不能与之为友。即使你很想成为同事的朋友，但是他们也会把你视为对手，甚至敌人。因此在职场纷争中，你只有杀出重围才有出路，别幻想会有朋友能够救你于水火。

所以说，抬高别人降低自己，只是我们暂时应付对手的策略，而不是目的。无论我们是否愿意决战，最终我们都和同事难免会有一次谁会升迁的决战。

你可以选择帮助同事先升职,然后依赖他们的庇护在职场常胜不倒。如果你这么想，那你就错了，曾经的同事一旦成为你的上司，他最怕的就是有朝一日你会翻出他们的老底，或是做些捣乱的事情，推翻他们的位置，取而代之。

如果你选择自己升职，那么你就要先分析一下当时的情况了。如果通过抬高某些同事能够帮你实现目的,那么这些同事对你来说是重要的。比你强的同事，你可以设法让他们帮助你提高，比你差很多的同事可以成为你的陪衬，让你在上司眼中显得能力更突出。

而那些稍微比你差一点的同事，他们既不能成为你对手，又不能成为你的帮手，他们对你来讲就是相对不重要的。所以，我们在选择晋升策略时，也要首先分清哪些同事更应该多花时间去对付，哪些同事可以忽略不计。

4. 同事决定不了你的命运，但却影响你的工作

作为平级的同事，谁也决定不了谁的命运，于是很多人在单位就只

记得向“上”看，看上司、看领导、看老板脸色行事。

这么做或许你会认为是自己升迁的最佳途径，然而实际上并非如此，因为上司是在俯瞰你，而不是平视或仰视你。在他们眼中你永远都应该是他们的下属，就算要升职，你也不能高过他们，也不能快过他们，否则让他们看出有超越他们的野心，那么你首先就会成为他们打压的对象。

但是对于平级的同事，或是他们也不甘心看着你不断升职，可是与领导们相比，你与他们的关系更近一步，如果你作为他们的同事晋升，那么他们就会认为你升职以后必定会优待他们，毕竟大家有过一段共事的经历。

这样一分析我们就不难看出，平级的同事更容易成为你的支持者和帮手，而且他们还是不能直接否定你晋升可能的人，所以在向领导们看齐的同时，我们也不能忘了同事。

与同事处不好关系，或许不能直接影响我们的晋升，但却能影响我们在职场上的心情，除非我们能够修炼到“百毒不侵”的程度，能够对别人的影响视若无物，否则，我们就得善待同事。

只有和同事们相处愉快，我们才能在工作时保持心情愉悦，才能对办公室产生亲切之感。否则别说在是加薪升职了，和同事相处处处碰壁，相信我们可能连在办公室继续待下去的信心都没了，更别提以后的发展和前途了。

5. 如果你够“贱”，那你就无敌了

很早的时候社会流出着这么一句话：水至清则无鱼，人至察则无徒。而现在，人们更相信：人至贱则无敌。如果你够“贱”，那你就无敌了。

看过刘邦传记的人一定会对这句话有所感悟。如果一个人可以不顾礼义廉耻，可以不讲伦理道德，可以不信金科玉律，可以不择手段，那么他就可以无敌于天下。

虽然大家都知道这么做必定能够平步青云，飞黄腾达，但是，并不是人人都敢于这么做，因为每个人的思想都早已被既成的社会伦理道德所束缚，所以不是人人都能够置这些于不顾的，但是如果你可以突破这

些束缚和禁锢，那么你等于无敌了。

可是，职场也有职场的潜规则，它虽然充满暗箱操作，充满明争暗斗，但是职场还是要讲伦理道德、礼义廉耻的。或许不讲这些也能帮你不断升职加薪，但不利于你在职场上的长远发展。所以我们不妨把这个“贱”，理解成其他的意思，比如：放低姿态。

一个人一旦能够把自己的姿态放得足够低，那么他就能对所有的人以礼相待，尊重有加，试问对于这样不顾自己尊严极力讨好别人的人，谁还会好意思责怪或是刁难他呢？

在职场就是如此，一个人只要把自己看得足够微不足道，对别人有求必应，唯命是从，从不提自己的要求，从不顾自己得失，试问这样的人谁会好意思让他们一直落魄下去呢？所以，在职场，如果你能做到足够“贱”，也可以说是一种成功。

案　例

解决掉陆飞这个最大的对手后，邱华文和李薇薇终于可以松一口气了。邱华文在公司的权力得到了稳固的同时，李薇薇也为自己的发展扫清了障碍，她下一步要做的就是趁着这个难得的和平时期，尽量获得更多自己想要的权力和利益。所以李薇薇在陆飞走后曾不止一次地向邱华文提及重建事业部的事，结果没想到都让邱华文以时机不好为由推脱掉了，这让李薇薇有点不能理解，陆飞被打倒并不意味着邱华文就能高枕无忧了，因为人事部的韩云龙在公司的级别可是与陆飞不分伯仲的，而且他也一直窥视着邱华文手中的权力，所以李薇薇认为邱华文还是离不开自己的，所以李薇薇要趁自己对邱华文来说还算重要的时候最大限度地敛权。李薇薇开始还以为邱华文一定会对她有求必应，因为只有李薇薇实力扩大后才有跟韩云龙较量的资本。只不过现实情况和李薇薇的计划正好背道而驰，无论李薇薇怎么说，邱华文就是不愿意给她升职。

这天李薇薇带着自己的三个手下——孙宪超、刘宇飞、郭晓倩来到邱华文的办公室，想同这三个部门主管一起向他施压，要求重新组建事业部。其实李薇薇自己也知道这么做有点不太稳妥，不过面对现在的大好时机，如果不能牢牢地把握住就会稍纵即逝，谁都不能保证什么时候邱华文身边会出现第二个“李薇薇”甚至是“陆飞”，所以李薇薇趁着自己还有价值的时候不得不出此下策，可以说她这次最大的失败之处就是在大好的机会来临时并没有放平心态，这点与之前的陆飞没有两样。

当李薇薇再次陈述完自己的提议后，没想到最先反对的不是邱华文，而是之前大家商量好要支持李薇薇的郭晓倩。这个来自于李薇薇下属兼密友的反对意见显然在双方交流中占据了很重的分量，郭晓倩给出的理由则是现在三个部门领导都已经能够独当一面了，而且在工作配合上也没有出现任何不愉快，所以根本没有必要再重新组建事业部了，况且这样将事业部拆了又建、建完再拆的话会很伤领导威信以及员工士气的。

郭晓倩的突然变卦打了李薇薇一个措手不及，孙宪超最先反应过来，他感觉郭晓倩和邱总之间一定有联系，而且他们很明显是有备而来多说无益。正当孙宪超按住身旁准备冲上前去和对方理论的刘宇飞时，李薇薇却快了刘宇飞一步接过郭晓倩的话说到：“既然郭晓倩说各个部门的主管都能独当一面不用人管了，那请邱总重新给我安排一项新的工作或者直接定一下我的去留问题吧。”李薇薇显然有点被这突如其来的变故打击的失去了理智。

“现在我们手中不正好有四个部门吗？要不然将孙宪超手中的一个部门分给李薇薇接管吧？”提出意见的还是郭晓倩，如果单从她那无辜的表情里任谁都看不出来她的居心有多么叵测，很显然郭晓倩的这个提议就是要既要把孙宪超手中的权力分割出来，还要把李薇薇的职位打压下去，这就叫做一箭双雕，只是不知道邱华文会不会听取他的意见。

听到这里孙宪超心里也是一惊：“好家伙，他们这是要大小通吃啊！”李薇薇那边的反应可要比孙宪超剧烈得多，听完郭晓倩的话后立刻横眉向她投去愤怒的目光，看那架势接下来肯定是要大步向前抽她几个耳光。这时候邱华文赶忙上前打圆场，他先是斥责了郭晓倩没大没小，说话没分寸，然后又装作很认真地在考虑李薇薇之前提出的问题，然后说道：“李薇薇一心想着为公司立功，这点我很欣慰，也很值得大家学习，基于李薇薇多年来的努力工作，我认为是时候让她接管大任了，不过不是组建什么事业部，我要提升李薇薇为财务部经理，接替陆飞的位置。”

听明白邱华文说的话后，大家都很吃惊，也同样都很清楚邱华文的目的是什么，虽然说财务部也是公司的核心部门，但是与事业部这种冲锋陷阵的部门比起来，出彩的机会可就要少了很多，明明可以在事业部大权独揽的李薇薇却被分配到了有权没事业的财务部。在HW有这样一个传闻，就是"得事业部者得天下"。邱华文的目的很明显，就是要把李薇薇从HW的天下争夺战中抽离出来。这显然是让李薇薇不能接受的，于是李薇薇向邱华文发出了反抗："我对财务一窍不通，我还是希望能留在……事业部工作。"

"没关系，我的女儿邱婧3年前跑去国外学了财务回来，现在正好让她来公司锻炼一下，给你打打下手，你俩一个有经验一个懂专业我相信她在你的带领下一定会很快成长起来的。"邱华文说完后大家都傻眼了，这不是明摆着要将李薇薇打压下去吗，让一个不懂行的门外汉当领导，然后让自己会专业的女儿来帮忙，这样久而久之那个门外汉领导必然会成为她的傀儡，任人摆布。不过没办法，邱华文是公司老总，作为下属的李薇薇对于他的命令要绝对服从，何况表面上说得又那么的冠冕堂皇。

只不过李薇薇始终不明白，现在邱华文正是用人之际，为什么在还没有除掉韩云龙之前却把自己给除掉了。其实她哪里知道，就在她处心积虑地想利用韩云龙的威胁为自己抬高身价的时候，韩云龙早就开诚布公地把自己的打算同邱华文讲明白了。韩云龙在交出手中除人事部以外的资源后主动找邱华文保证以后只负责为HW招贤纳士，其他事情一概不管，并且请求邱总看在多年来感情的份上放他一马，不要让他落得个同陆飞一样惨的下场。邱华文看到平常在公司里不可一世的风云人物居然能自降身价地恳求自己放他一马，同情心与成就感也就油然而生，最后两人终于冰释前嫌，现在的韩云龙只能说是邱华文的好员工而不能再对他造成任何威胁了。

韩云龙的威胁消失后，李薇薇自然对邱华文也就没什么利用价值了，但是李薇薇却被蒙在鼓里，一直在向邱华文索要各种资源，这就很容易让邱华文把她同陆飞联系到一起，所以为了避免像陆飞那样在公司一人独揽的局面产生，邱华文又快速地培养出来新的亲信——郭晓倩。就这样，邱华文与郭晓倩成功演出了一场"无间道"后，把李薇薇隔离出了事业部这块是非之地。不过邱华文对李薇薇的能力还是很欣赏的，所以才把她调到了还算不错的财务部，主要目的是叫她管财而不是管人。

李薇薇被调走之后，孙宪超、郭晓倩、刘宇飞三人开始时相处得还算比较融洽，但郭晓倩在HW的地位巩固之后，三个部门间还是不可避免地发生了摩擦,而这场冲突的发起者正是在公司有点背景的郭晓倩。

郭晓倩先是在自己的编辑部成立了一个策划组，当负责策划部的孙宪超得知后，并没有感到有多生气，郭晓倩的做法让孙宪超不由得想起自己刚刚来到公司时发生的一些事，他也有过像郭晓倩这样既有背景又有侵略性的领导，他也曾是编辑部策划组中的一员，不过现在的孙宪超在经过百般挫折之后却由山寨一跃成为了正版部门的老大。凭他多年来的经验，孙宪超知道如果现在跟郭晓倩硬碰硬的话，那么自己很可能就会变成下一个徐德志。所以对于郭晓倩的“侵略”孙宪超并没有采取强硬措施。而是主动找到郭晓倩向她道歉，表示自己策划部没能为编辑部创造出足够多的选题，这才让郭晓倩身心受累，浪费编辑部资源来替自己完成没能完成的工作。

孙宪超的一番诚恳道歉反而让别有目的的郭晓倩感觉无地自容，这时孙宪超趁热打铁，表示愿意同郭晓倩的策划组长期合作，共同进步。本就心虚的郭晓倩对于孙宪超这个看似非常友善的提议自然没有什么好反对的,正牌编辑部与“山寨”策划组之间的沟通也就慢慢地多了起来。

在大家频繁的接触中，孙宪超的策划部终归是正品，有一定的底蕴。所以久而久之地在编辑部的策划活动中也就占据了主导地位，可以说郭晓倩自己创建的策划组对于孙宪超来说就像自己在编辑部内嵌的一个小分队一样，自己对他们的工作状况了如指掌，不但对编辑部构不成任何威胁，而且孙宪超还可以把他们当成渗透进编辑部的切入点。

郭晓倩见自己从孙宪超这里占不到任何上风，又在自己的编辑部建立了一个市场宣传组准备向刘宇飞发起挑战……

刘宇飞得知这个事情之后找到孙宪超商量情况，孙宪超却告诉他：“只要把自己的心态和身份放低，把自己“蜗居”在办公室，之后的事情就是看着她如何自取灭亡了。”

刘宇飞向他投来怀疑的目光问他：“这么自信？”

孙宪超坚定地点了点头：“HW 可以有 N 个‘聂常光’，N 个‘李薇薇’，N 个‘陆飞’甚至是 N 个‘你’和‘我’，但邱华文始终只有一个，而邱华文为了只有一个他，会制造出 N 个亲信去毁掉 N 个异己。”

所有失败的人都只会去拼命地争取属于自己的繁华并且享受其中不能自拔，殊不知你的老板正“蜗居”在自己的办公室里对你的行为了如指掌，而你的下属也一样会“蜗居”在自己的办公桌前干着你所不知道的勾当。最后，你的失败其实就是来源于你的‘掩耳盗铃’或是你的‘死不瞑目’。

“蜗居”是什么？它就是于繁华时求淡然，在淡然中营造另一次繁华。松弛有度，取舍有量。

章后“一”问：

邱华文放过韩云龙还有没有其他原因？

释疑：邱华文在开除陆飞之后，对于韩云龙的手下留情其实也是顾及到了其他人的感受。如果将两个同自己一起打江山的元老同时开除的话，那么势必会让人认为邱华文是一个不仗义、不留情面的老板，这样，自己的手下也自然不会忠心地听命于他，因为谁也不清楚在多年之后自己的下场会不会也像陆、韩二人那样。

在职场，有时不一定要把事情做绝，因为你做什么事都是有人在看的，除了当事人之外还要考虑一下会对其他人造成什么样的影响。为他人留一条退路，同样也是为自己多准备了一条路。